# Sozialwissenschaftliche Forschungen

Herausgegeben von der

Sozialwissenschaftlichen Arbeitsgemeinschaft

Abteilung I — Heft 10

Berlin und Leipzig 1929

Walter de Gruyter & Co.

vormals G. J. Göschen'sche Verlagshandlung — J. Guttentag, Verlagsbuchhandlung
Georg Reimer — Karl J. Trübner — Veit & Comp.

# Versuch einer Synthese

zwischen

# Metallismus und Nominalismus.

Von

Dr. Lisel Enderlen.

Berlin und Leipzig 1929

Walter de Gruyter & Co.

vormals G. J. Göschen'sche Verlagshandlung — J. Guttentag, Verlagsbuchhandlung
Georg Reimer — Karl J. Trübner — Veit & Comp.

# Vorwort.

Der Anfang meines Studiums fiel in die Inflationszeit, dieser für die Wirtschaftswissenschaft so ungemein anregenden weil rätselvollen Zeit. In der Vorlesung »Allgemeine Privatwirtschaftslehre«[1]) (Rieger-Nürnberg) bot sich uns Studierenden immer von neuem Gelegenheit, den Blick auf das gegenwärtige Geschehen in der Wirtschaft zu lenken, zumal ein Lehrer auf dem Katheder stand, der selbst seine Augen der Gegenwart nicht verschloß, sondern immer bestrebt war, die wirtschaftlichen Ereignisse einzuordnen in sein System, woran er uns spürbar teilnehmen ließ, und der — ein Schüler Knapps war! Kein Wunder, daß das Geldwesen auf diesem Wege ein lebhaftes Interesse bei vielen erweckte! Aber diese persönlich vermittelten Einsichten in das Geldwesen stießen zunächst nur auf ein »gefühlsmäßiges Verstehen«; dieses lockte dann zur geldtheoretischen Literatur, zu der ich während meines Studiums immer wieder zurückkehren mußte: Das Geldproblem hatte es auch mir angetan! — Weitere spezielle Vorlesungen und Übungen über Geldtheorie bei Rieger, Vershofen, Arndt, Gerloff, Budge, Neumark, die oftmalige Beschäftigung mit den in der Literatur vorgefundenen Gedanken, mit geschichtlichen Darstellungen über das Geldwesen und mit den gegenwärtigen Zuständen und öffentlichen Diskussionen — zu denen nicht zuletzt die fortgesetzten Vorschläge zur Ausschaltung der Geldwertschwankungen gehörten — führten allmählich zu einem Gedanken, den ich nicht anders als »Synthese zwischen Metallismus und Nominalismus« bezeichnen kann. Und es ist ja bekannt: sobald eine derartige Erkenntnis kraft ihrer Augenscheinlichkeit sich aller weiteren Überlegungen mit Gewalt bemächtigt, sich ihnen in den Weg stellt oder aber sie sinnvoll abzuschließen imstande ist, — sobald also der eine Gedanke über alle weiteren Fragestellungen obsiegt, ist jenes psychische Erlebnis vorhanden, das im Reiche des Gesichtssinnes

[1]) Vgl. das Anfang 1928 in Nürnberg erschienene Buch »Einführung in die Privatwirtschaftslehre« von Wilhelm Rieger, insbesondere die Einleitung und Kap. XIII »Über Geldwertschwankungen«.

mit der Lösung einer Vexierbildaufgabe verbunden ist: der Löser bringt es kaum mehr fertig, an Stelle der gefundenen Figur das vorherige Durcheinander von Linien zu erkennen.

In diesem Zustand des Geblendetseins befinde ich mich nun. Dabei bin ich mir vollkommen bewußt, daß es sich hier keineswegs um einen neuen Gedanken handelt, sondern daß dieser vielmehr schon den meisten Abhandlungen über das Geld irgendwie zugrunde liegt — wenn auch unausgesprochen; unausgesprochen vielleicht wegen seiner Selbstverständlichkeit — sollte das aber ein Grund sein, auf seine ausdrückliche und deutliche Heraushebung zu verzichten, zumal sich wahrscheinlich hinsichtlich der begrifflichen Ordnung der erfahrungsgemäßen Tatsachen andere Einteilungsgründe und damit andere Erklärungsweisen ergeben?

Diesen Grundgedanken nun ausführlich entwickeln und darstellen zu dürfen, war mein höchster Wunsch! Daß ich mir dieses Thema zum Gegenstand einer Doktor-Dissertation wählen konnte, danke ich der bereitwilligen Zustimmung meines verehrten Lehrers Professor Gerloff.

In dieser Arbeit handelt es sich darum, einen erkannten Sachverhalt so klar wie möglich darzustellen, eingedenk der Aufgabe eines jeden wissenschaftlichen Arbeitens. Die Einsicht in die Bedeutung dieser Hauptaufgabe der wissenschaftlichen Darstellung gewann ich während meiner philosophischen Studien bei Professor Cornelius. Möge mein Streben der von ihm gewiesenen Richtung entsprechen!

# Inhalt.

# I. Einleitung.

## A. Metallismus, Nominalismus und die ungelöste Frage.

Denken ist interessanter als Wissen, aber nicht als Anschauen. Goethe[1]).

Dieser Gedanke, den Karl Elster aufgreift, um daran anknüpfend zu sagen, der Geldtheorie vor Knapp und Bendixen sei die Anschauung verlorengegangen[2]), sei dieser Arbeit vorangestellt, um auf die überaus hohe Bedeutung aufmerksam zu machen, die in der Tat der Anschauung zukommt, wenn es sich um die Behandlung eines so umstrittenen Gegenstandes handelt, wie es das Geldproblem ist. — Ob Elsters Behauptung in bezug auf die Geldtheorie zu Recht oder zu Unrecht besteht, steht nicht zur Entscheidung. Sicher ist das eine: Je reichlicher eine Darstellung vom Anschauen der Dinge beeinflußt ist, um so mehr macht sie den Eindruck der Lebensnähe — und somit der Wahrheit.

Doch verständigen wir uns zunächst über das, was »Anschauen« heißt: doch wohl nichts anderes als das Aufsuchen der gegebenen Tatsachen, also die Erfahrung schlechthin, deren Wert als Erkenntnisquelle uns Goethe ja immer wieder zeigt.

Wenn nun also das Sammeln der Erfahrungstatsachen das »Anschauen« ist, dann bedarf es allerdings keines ausführlichen Beweises, daß Knapp in der Beobachtung geldwirtschaftlicher Zustände und Ereignisse am schärfsten, am weitesten und sicher auch am leidenschaftslosesten vorgegangen ist, was der Sache so außerordentlich dienlich war. Und wenn nun dieses gründlichste aller Studien auf diesem Gebiet dazu geführt hat, die Nominalität der Werteinheit zu erkennen und ihre bisherige »reale Definition«[3]) zu verwerfen, so sollte man annehmen dürfen, daß die so gewonnene Erkenntnis den früheren den Boden entzöge. Aber — und das ist das Ausschlaggebende im Streit der Lehrmeinungen — die anderen Richtungen erken-

[1]) Maximen und Reflexionen (Große Goethe-Ausgabe, Gold. Klass. Bibl.).

[2]) K. Elster, Die Seele des Geldes, Jena 1920, Seite 270.

[3]) Eine Erläuterung dieses, sowie aller weiteren hier verwendeten Knapp-Ausdrücke im Anhang!

nen schon den Standpunkt, von dem aus die Betrachtungen angestellt wurden, nicht an und verharren so bei ihrer Ansicht. So kommt es, daß Metallismus und Nominalismus als unvereinbare Gegensätze erscheinen. —

Um nun an den Gegenstand dieser Arbeit heranzukommen, wollen wir uns (kurz, schematisch) vergegenwärtigen, wie die beiden geldtheoretischen Hauptrichtungen entstanden sind.

Die ältere, der Metallismus, war ursprünglich gar keine »Theorie« in unserem heutigen Sinn als System von Erklärungen, sondern vielmehr die bloße Beschreibung von vorgefundenen Tatsachen, nämlich des zur Zeit der Aufzeichnungen bestehenden Geldwesens. Wir wissen, daß zu Beginn der Geldwirtschaft für lange Zeit der Stoffwert der Münzen wegen der »realen Befriedigung« (Knapp) die Hauptrolle spielte. Diesem häufigen, offensichtlichen Verschmolzensein von Münzname und Metallplatte verdankt der Metallismus seine Entstehung. Seine Behauptung lautet: Die Werteinheit ist soundsoviel Gramm Gold oder Silber; damit wird die Werteinheit mit einer bestimmten Metallmenge identifiziert.

Treten Zahlungsmittel auf, deren »Stoffwert« nicht mit ihrem »Nennwert« übereinstimmte, so erwuchs daraus dem Metallismus die Aufgabe, diese Verneinung seiner These als nur scheinbar zu entlarven und sie seinem System ohne Widerspruch einzugliedern. Ohne besondere Skrupel nahm er als Erklärungsgrundsatz den Kredit zu Hilfe; er konnte das, da die Münzgesetzgebungen ihm hierzu die Hand boten. Es war die Einlösungspflicht des Staates oder der Notenbank für Scheidemünzen und Papiergeld, die den Gedanken des Kredites zu rechtfertigen schien, obwohl die Deckungsvorschrift meist nur auf einen Bruchteil des vorhandenen notalen Geldes lautete. Dies letztere führte dann zu der äußersten Tat für die Rechtfertigung des Kreditarguments: es wurde geltend gemacht, daß die Ansprüche auf Einlösung niemals in voller Höhe und zu gleicher Zeit an die öffentlichen Kassen heranträten! Daß im Falle der Gefahr eines plötzlichen allgemeinen Einlösungsbegehrens die Einlösungspflicht der Notenbank — suspendiert wird, tut der metallistischen Theorie keinen Eintrag, da es sich dann in ihren Augen eben um einen vorübergehenden Ausnahmezustand handelt.

Damit wird aber der Theorie die berühmte Spitze genommen, wodurch sie wertlos wird[4]). Eine solche Beweisführung gehört zweifellos zu den Halbheiten, mit denen sich der Praktiker begnügen darf. »Der Theoretiker hingegen ist ein verlorener Mann, wenn er in Halbheiten befangen bleibt«[4]).

---

[4]) G. F. Knapp, Staatliche Theorie des Geldes, Mchn. 1921, S. VI.

Der also auf metallistische Weise nicht befriedigte Theoretiker sucht nach einer anderen Erklärung für die Geltung des Geldes, die allgemein für alle Fälle des wirklichen Geldwesens ein Ordnungsprinzip sein kann.

Knapp, der strengste Nominalist[5]), kommt zu einer Auffassung, die er die staatswissenschaftliche[6]) nennt, und gibt seiner Theorie den Namen »Staatliche Theorie des Geldes«. Das Geld ist ein Geschöpf der Rechtsordnung; seine Geltung wird vom Staat bestimmt, sein »Wert« leitet sich nicht von irgend einem Metall her; die Werteinheit ist historisch definiert, nicht real; das Geld dient der zirkulatorischen Befriedigung, nicht der realen: diese Gedanken begründen den Nominalismus. —

Knapp kommt zu diesem nominalistischen Ergebnis seiner Überlegungen dadurch, daß er sein Augenmerk den Schulden zuwendet, den Schulden hauptsächlich, die in einem anderen Zahlungsmittel getilgt werden müssen, als sie eingegangen waren. In Wahrheit werden die Schulden ja nicht in Zahlungsmitteln eingegangen, sondern in Werteinheiten, erkennt Knapp. Änderungen im Geldwesen wurden und werden zeitweise vom Staate vorgenommen. (Die Gründe dafür interessieren hier nicht.) Am Übergang von der einen zur anderen Werteinheit erkennt Knapp die Nominalität der Schulden und damit der Werteinheit; der Staat bestimmt den »rekurrenten Anschluß« zwischen der alten und der neuen Werteinheit, und die Schulden werden nach diesem Verhältnis umgerechnet. Durchaus gleichgültig bleibt dabei das verwendete Zahlungsmittel!

Der Metallist muß zugeben, daß im Falle einer solchen Änderung der Begriff der Werteinheit »unabhängig vom früheren Metall, nämlich technisch unabhängig« davon wird[7]). Der Metallist wird wahrscheinlich sagen: die eine Werteinheit wird zugunsten einer anderen Werteinheit — beide als Metallmengen gedacht — aufgegeben. Wie ist dann aber die Schuldentilgung zu erklären, in der beide Werteinheiten irgendwie berücksichtigt werden müssen? Muß das nicht notwendigerweise zur Anerkennung der historischen Definition der Werteinheit führen? —

Die Staatliche Theorie des Geldes behauptet keinesfalls, daß die Werteinheit nicht auch einmal gelegentlich »real« dar-

---

[5]) Andere, die sich auch zu den Nominalisten zählen (Bendixen, Elster, Liefmann u. a.), verlassen mehr oder weniger die eindeutige Linie Knapps, indem sie das quantitätstheoretische Moment der Geldmenge im Verhältnis zur Warenmenge in ihre Lehre einbeziehen.

[6]) G. F. Knapp, Staatliche Theorie, 1921, Seite VI.

[7]) a. a. O. Seite 9.

stellbar sei, sie behauptet nur, daß das nicht immer der Fall sei. Sie ist die allgemeinere Theorie gegenüber dem Metallismus, indem sie allen Erscheinungen des Geldwesens gerecht wird, keine »Ausnahmen« kennt, sondern nur »besondere Fälle« gegeben sieht, die sich in das System einordnen lassen[8]). —

Doch auch diese umfassendste aller Geldtheorien führte zu keiner Beruhigung, sie mußte anregend wirken! Es gibt ja keinen Stillstand! Und zwar entzündete der einseitige juristische Gedanke den erneuten Widerspruch. Gibt es denn keine »wirtschaftliche« Begründung für das Geld, die auf der von Knapp erkannten und offenbar der Wahrheit entsprechenden Nominalität der Werteinheit aufbaut? So etwa fragte sich ein Bendixen, der von theoretischem Feuer durchglühte Praktiker im Geldwesen. Die Lösung, die er sucht, muß ihn hinsichtlich der Frage um den »Geldwert« befriedigen, in dem Sinne, daß die Warenpreise sich unabhängig, das heißt unbeeinflußt, vom Geld bilden — der Geldwert mithin als den Preisen indifferent gegenüberstehend tatsächlich verneint werden kann, ganz im Sinne Knapps. Bendixen findet die Lösung in der »klassischen Geldschöpfung«: Geld, das bei der Diskontierung von Warenwechseln ausgegeben wird, kann die Preisbildung nicht beeinflussen, da ja die Bewegung der Geldmenge mit der der Warenmenge Schritt hält. — Damit verläßt Bendixen trotz seiner Anerkennung der Nominalität der Werteinheit den Boden der reinen nominalistischen Theorie, wie sie von Knapp gedacht war, der keinerlei quantitätstheoretische Argumente zu seinen Beweisführungen brauchen konnte.

Die Theorie von der klassischen Geldschöpfung zog schließlich Folgerungen, wie sie sich aus der Quantitätstheorie ergeben könnten, die ja ihren Ursprung im Metallismus hat. In diesem Sinne könnte in Bendixens These, die Elster zur vollständigen Theorie entwickelt hat, ein Zusammentreffen von nominalistischen und metallistischen Gedankengängen festgestellt werden. Durch die Einbeziehung der Geldmenge wird der nominalistische Charakter der Werteinheit nach einer Seite hin ganz preisgegeben: Das Geld als Träger dieser Werteinheit ist hinsichtlich seiner Menge eben nicht mehr gleichgültig für die Preisbildung der Waren, was die Klarheit und Eindeutigkeit einer nominalistischen Erkenntnis beeinträchtigt. — Für Knapp ist die Geldmenge folgerichtig durchaus belanglos — obwohl er gelegentlich doch auch ausdrücklich sagt, daß das Geld (im Zweifelsfalle das valutarische Geld) beim Fällen eines Werturteils über andere Güter als »Vergleichsgut« fungiert[9]). Sollte Bendixens Gedanke hier wurzeln? »Ver-

[8]) a. a. O. Seite 20.

[9]) a. a. O. z. B. Seite 7, 13, 25, 214 (insbesondere!), 437, 441.

gleichsgut« — verbindet sich nicht mit diesem Wort die Vorstellung, daß der Gegenstand, der als solches dient, »Wert« haben müsse? Und sei es auch nur ein Wert, der sich von seiner größeren oder geringeren Quantität herleite....

Hier ist die Stelle in der reinen nominalistischen Theorie, die zu denken gibt. Wie hat man sich den Wertungsvorgang vorzustellen, der auf der einen Seite einen Gegenstand mit verschiedenartigen Eigenschaften berücksichtigen muß und auf der anderen Seite das Zahlungsmittel, das keinen »Wert« hat, für das stattdessen eine bestimmte »Geltung« proklamiert wurde, eine Geltung in jener nominalen Werteinheit, — wie kommt da ein »Werturteil«, das diesen Namen verdient, zustande? Hören wir hierzu Knapp selber:

»Lange hat es mir im Innersten widerstanden, anzuerkennen, daß die nominale Werteinheit vollständig ausreicht für Urteile über den lytrischen Wert der Güter. Es war auch mein Irrtum, was der Irrtum fast aller ist; ich glaubte Werturteile kämen nur zustande, wenn Güter mit Gütern verglichen werden. Wie einfach und wie anschaulich würde dadurch der ganze Vorgang! Jetzt aber kann nur noch behauptet werden, daß auf diese Weise die ersten Werturteile zustande kommen. Wenn aber einmal diese Art der Beurteilung eingebürgert ist, dann ist es unnötig, Gut mit Gut zu vergleichen; dann können Werturteile über ein Gut abgegeben werden unter Benutzung der nominalen, nur historisch definierten Werteinheit[10].«

Die empirische Rechtfertigung für diesen Gedanken gibt uns Knapp durch den Hinweis auf das augenfälligste Beispiel:

»Wer da bezweifelt«, fährt er an der angegebenen Stelle fort, »ob das wahr ist, den verweise ich auf die geschichtliche Entwicklung des lytrischen Verkehrs; solche Erscheinungen, wie das echte Papiergeld, sind wirklich; sie sind aber nur unter der Annahme nomineller Werteinheiten möglich, also ist die Nominalität der Werteinheit ebenso erfahrungsmäßig gefestigt, wie die Tatsachen der lytrischen Rechtsgeschichte.«

Ist damit nun wirklich die oben gestellte Frage beantwortet? Haben wir darüber Aufschluß erhalten, wie solche lytrischen Werturteile zustande kommen? Kennen wir die Begründung für den lytrischen Wert (= Preis)?

Bleibt uns nicht vielmehr doch noch ein gewisses »Widerstreben im Innersten«, die nominale Werteinheit als ausreichend anzuerkennen bei der Bildung von Preisen? Liegt nicht vielleicht in jenem »Irrtum fast aller« doch ein wahrer Kern?

Diejenigen, denen Knapps nominalistische Theorie vollkommen einleuchtet, die aber im Hinblick auf die Preise durch

---

[10]) a. a. O. Seite 13.

diese Theorie allein nicht befriedigt werden, müssen sich einen Weg suchen, der sie ans gewünschte Ziel führt, und sei es durch Einbeziehung »metallistischer Gedanken« wie die, von denen sich Knapp losgerissen hat.

Ein Weg in dieser Richtung soll in der vorliegenden Arbeit zu gehen versucht werden.

## B. Methodisches.

Der Ausgangspunkt ergibt sich aus der Frage nach dem unveränderlichen Kriterium für die »Geldwirtschaft«, als das sich der Preis herausstellen wird. Der Preis interessiert in diesem Zusammenhang jedoch nur als gegebene Tatsache; die Erklärung seines Zustandekommens in einer bestimmten Höhe liegt der Preistheorie ob. Trotzdem soll in einem Exkurs über die »Preisbildungsgesetze« einiges zu diesen Preisgesetzen gesagt werden. —

Sodann wird nach der Begriffsbestimmung des Geldes eine Ordnung der möglichen Formen des Geldwesens versucht, die sich aus dem verschiedenartigen Zusammenspiel von Preisgut, Preiseinheit und Geld erkennen läßt.

Der wichtigsten Einrichtung auf dem Gebiet des Geldwesens, der Währung, ist zuletzt noch besondere Aufmerksamkeit zu schenken. Auch hier wird eine von den bisherigen Einteilungen verschiedene Unterscheidung der Währungsformen vorgenommen, die sich aus dem Gedankengang der Arbeit ergeben wird. —

Die drei Begriffe: Preis, Geld und Währung ganz gesondert zu betrachten, ist bei der gegenseitigen Abhängigkeit der Dinge, auf die sie sich beziehen, nicht im strengsten Sinne durchzuführen. Wenn trotzdem jedem einzelnen eine Sonderbetrachtung gewidmet wird, so geschieht das deswegen, um jedesmal den einen Gegenstand in den Vordergrund der Betrachtung zu stellen, in der Hoffnung, daß durch diese »stereoskopische« Betrachtungsweise die Darstellung Plastik erhält, die zur Klarheit und Deutlichkeit beiträgt.

Im Schlußabschnitt soll nach einer Gegenüberstellung der Meinungen zeitgenössischer Nominalisten und Metallisten die gedachte Synthese gezeigt werden. Daß es sich dabei nicht etwa um die Synthese handeln kann, ist klar; je nach Ausdeutung der beiden Begriffe Metallismus und Nominalismus können sich verschiedene Verbindungen der Hauptelemente ergeben. —

Unsere Wirtschaftswissenschaft hat eine schwere Aufgabe. Ihre Forschungen erstrecken sich auf Dinge und Ereignisse, die das Leben der menschlichen Gesellschaft schlechthin erfüllen, und deren Begriffe daher alle schon dem vorwissenschaftlichen Denken geläufig sind. Aber die Vorstellungen sind mannigfaltig, die sich mit diesen einzelnen Begriffen verbinden; meist gehen sie zurück auf oberflächliche Beobachtung, die Raum läßt für mancherlei Auslegungen, und häufig entsprechen die Begriffe mehr den Wünschen und dem Gefühl derer, die sie anwenden, als der Wahrheit (z. B. daß das Geld einen Wert an sich habe!). Es sind überkommene Begriffe, die in dem Denken und Sprechen fest verwurzelt sind; sie tragen dadurch gleichsam dogmatischen Charakter. Dem praktischen Leben mag das Festhalten an Fiktionen angepaßter, ja zuträglicher [1]) sein — das ist aber für die Wissenschaft kein Grund, sich nun auch dem Blick ins Helle zu verschließen! Die wissenschaftliche Tätigkeit muß sich vielmehr darauf richten, den gegebenen Tatsachen gemäß das Wahre vom Falschen zu trennen, wenn sie ihr Ziel: die begriffliche Ordnung ihrer Erkenntnisse zur Erklärung der wirtschaftlichen Ereignisse erreichen und nicht durch kritiklose Übernahme solcher vorhandener Begriffe Verwirrung und Verdunklung herbeiführen will. — Immer noch sind uns ja jene Worte Sombarts aus der Seele gesprochen, die er einmal im Hinblick auf eine Reihe volkswirtschaftlicher Probleme geäußert hat:

»Wenn wir nämlich jetzt an eines dieser Probleme herantreten, dann sehen wir, daß wir überhaupt noch keine Sprache haben, um uns gegenseitig zu verständigen. Wir müssen uns also erst mühsam eine gemeinsame Sprache ausbilden in der Hoffnung, uns dann später in dieser Sprache über sachliche Probleme unterhalten und verständigen zu können [2]).«

Diese Arbeit erhält daher eher den Charakter einer begrifflichen Studie als den einer auf praktische Zielpunkte gerichteten Schrift. Kritik an Vorhandenem, dessen Beurteilung als gut oder schlecht, liegt mir einmal aus einer gewissen »theoretischen Stimmung« heraus fern, dann aber auch aus dem Vertrauen heraus, daß das Leben im gegebenen Augenblick den Weg aufzwingt, der gegangen werden muß — ungeachtet oder sogar trotz der heißen Bemühungen von Theoretikern, die ihre Aufgabe anders auffassen als zum Beispiel ein Knapp.

---

[1]) Von der Empfindlichkeit gegenüber der Wahrheit gibt uns Platon in seinem Höhlengleichnis ein ergreifendes Bild (Staat, 7. Buch). Auch an den Goetheschen Satz sei erinnert: »Das Wahre ist eine Fackel, aber eine ungeheure; deswegen suchen wir alle nur blinzelnd so daran vorbeizukommen, in Furcht sogar, uns zu verbrennen.« (Maximen und Reflexionen.)

[2]) Schriften des Vereins für Sozialpolitik, Bd. 132, 1910, S. 564.

## II. Der Preis als Korrelat zum Geld.

Der Preis ist aus dem Tauschverkehr entstanden. Das für ein Gut geforderte andere Gut ist der »Preis« für das eingetauschte Gut. Bei jedem Tauschvorgang handelt es sich also zugleich um zwei Preise: jedes Gut ist der Preis des anderen, wobei der nicht meßbare Wert beider Gegenstände zu jener eigentümlichen Gleichsetzung im Tausch führt, die das Ergebnis von zwei Wertschätzungen ist, »denn der Sinn des Tausches: daß die Wertsumme des Nachher größer sei als die des Vorher — bedeutet doch, daß jeder dem anderen mehr gibt als er selbst besessen hat«[1]) — und andererseits mehr empfängt als er gegeben hat, sonst wäre es zum Tausch nicht gekommen. — Man hat dieses Stadium der Wirtschaft das des Zufallstausches oder auch des direkten Tausches genannt. Trotz der Schwerfälligkeit führt diese Art des Güterwertverkehrs über die ersten Klüfte, die die Arbeitsteilung verursacht, hinweg.

Sobald die Arbeitsteilung aber durch ihr Fortschreiten den Tauschverkehr mehr und mehr kompliziert, reift der Gedanke an ein vereinfachendes Mittel zum Tauschen heran. Vielleicht wäre es den Tatsachen entsprechender, wenn man sagte: das Tauschmittel bietet sich dem Verkehr an; eines der vielbegehrten Güter drängt sich auf zur Bewerkstelligung aller gewünschten Täusche[2]). Diese bildliche Ausdrucksweise mag den Vorgang am besten darstellen und sei aus diesem Grunde hier nicht vermieden. Die Beobachtung der Tauschenden, daß das eine oder andere Gut mehr Abnehmer findet als die übrigen Güter, daß es sich also einer allgemeineren Brauchbarkeit und daher größerer Begehrtheit erfreut, führt zu dem vernüftigen Entschluß, sich selbst dieses Gut — sagen wir z. B. Felle — zu beschaffen, um damit rascher in den Besitz des eigentlich gewünschten Dinges zu kommen. Durch längere Übung einer solchen Gepflogenheit erlangt das bevorzugte Gut auch Bedeutung für zukünftige Tauschgelegenheiten, indem seine Besitzer darauf trauen, daß auch später Gegenstände dafür zu haben sein werden. Das Vertrauensmoment, das in dieser Erwartung liegt, ist eine notwendige Bedingung für die Geldwirtschaft. Das Aufeinanderangewiesensein, das die zerlegte

[1]) Simmel, Philosophie des Geldes, Leipzig 1907, Seite 34.

[2]) »Ferner ist das Vorurteil, daß alle Einrichtungen rein aus zweckbewußtem Nachdenken entspringen müßten, auf Grund ethnologischer Erfahrung entschieden zurückzuweisen.« (H. Schurtz, Grundriß einer Entstehungsgeschichte des Geldes, Weimar 1898, S. 5.) Derselben Ansicht: K. Helfferich, Das Geld, 6. Aufl. 1923, S. 7f.: Ablehnung der »rationalistischen Erklärung der Entstehung des Geldes«.

Arbeitsleistung fühlbar macht, tritt auch in der Verwendung von Geld zutage — das heißt: auch das Geld macht die einzelnen nicht ganz unabhängig voneinander. Der »Befreiung« durch das Geld, die Simmel so eindrucksvoll schildert[3]), steht eine außerordentlich starke Bindung gegenüber!

Voraussetzung für eine gegenwärtige oder zukünftige Tauschmöglichkeit ist zunächt, daß die übrigen Güter und sonstigen Leistungen alle auch in dem einen Gut von allgemeiner Bedeutung »gewertet« werden, das heißt: daß Nominalpreise gebildet werden.

An dieser Stelle muß betont werden, daß ein Unterschied zu machen ist zwischen den konkreten Preisen des direkten Tausches und den sogenannten »Geldpreisen«, die absolut abstrakt, d. h. unkörperlich zu sehen sind. In der Zeit, wo ein Gut der Preis[4]) des anderen ist, also im direkten Tauschverkehr, hat es keinen Sinn, von einer »Preisbildung« in unserem heutigen wissenschaftlichen und sprachgebräuchlichen Sinn zu sprechen, wenn man sich auch im klaren darüber ist, daß jenen Tauschhandlungen dieselben Motive innewohnen, die später bei der Entstehung von Preisen, die auf ein neutrales Gut bezogen sind, mitwirken. Die »Neutralität« dieses Gutes, man könnte auch sagen: sein indifferenter Charakter in bezug auf die zu tauschenden Güter ist es, der trotz der gemeinsamen Faktoren eine grundsätzliche Änderung im Tauschsystem hervorruft. Für wissenschaftliche Zwecke ist es daher angebracht, verschiedene Namen für beide Arten von »Preisen« zu gebrauchen, da das Aufkommen des Geldes die Bedeutung des Wortes Preis durchaus verändert. Aus dem »Realpreis« wird der »Nominalpreis« oder der »Geldpreis«, wie man auch sagt; er ist nur eine »Wertangabe«, während der Realpreis ein »Wertgegenstand« ist.

Die ersten Anhaltspunkte für die einsetzende neue Art der Preisbildung liefern die bestehenden Tauschverhältnisse, die z. B. Felle zum Gegenstand haben. Da es zur Einführung des Geldes erst dann kommen kann, wenn eine Mehrheit von Tauschenden das Bedürfnis danach hat, so gibt auch das Zusammentreffen dieser Mehrheit von Tauschenden die Gewähr, daß die Kenntnis von den bisherigen Tauschmengenverhältnissen leicht an Ausbreitung zunimmt und somit als Grundlage für die neuen Wertschätzungen dienen kann. Alle die subjektiven

[3]) Simmel, Philosophie des Geldes, Leipzig 1907, Seite 297ff., 311ff.

[4]) Karl Elster, Zur Analyse des Geldproblems (Jahrb. f. Nationalök. und Statistik, III. F. Bd. 54), ist gegen die Verwendung des Begriffes »Preis« in der Tauschwirtschaft (vgl. S. 276: »Der Geldpreis ist nicht eine spezielle Form des Preises, sondern jeder Preis ist begrifflich Geldpreis«).

Erwägungen, die bisher für den Zufallstausch ins Gewicht fielen, werden nun im Gedanken an die eine aus der Menge der Güter herausgehobene Sache angestellt. Nach wie vor sind Gebrauchswert auf der Käuferseite, aufgewandte Mühe und der vermutete Gebrauchswert anderer Dinge auf der Verkäuferseite die Hauptelemente, die den Schätzungen zugrunde gelegt werden [5]).

Ein Bogen mit einer Handvoll Pfeilen soll z. B. 5 Felle kosten. Keinen geringen Einfluß wird bei diesem Ergebnis der beiderseitigen Überlegungen die bekannte Schätzung eines Nachbars gehabt haben, der gewillt ist, eine geflochtene Matte für 10 Felle herzugeben, wenn der erste einen Vorteil darin sieht, für 2 Bogen mit den dazugehörigen Pfeilen eine solche Matte zu erlangen. Aber auch die anderen Waffenhersteller kalkulieren ähnlich und ebenso die Jäger, Hirten, Mattenflechter und alle anderen, die etwas auf den Markt zu bringen haben, um anderes dafür heimzubringen. Der Blick richtet sich also nach Möglichkeit auf bestehende oder entstehende Werturteile, deren Gegenstände im Interessenbereich der Tauschenden liegen, oder — um mit Soda zu reden — die »Bewertungsgesellschaften« [6]) besitzen. Helfferich [7]) sagt: »Der in der Einzelseele sich vollziehenden Bewertung der Dinge steht.... als einzige objektive Tatsache, die einen Anhaltspunkt für den Begriff des Tauschwertes gibt, das Verhältnis gegenüber, in welchem verschiedenartige Verkehrsobjekte gegeneinander umgesetzt werden.« Das Feilschen auf dem Markt, in dem die paarweisen Interessengegensätze zum Austrag kommen, führt dann zu den endgültigen Preisen, die bezahlt werden. Durch die Preise, die alle auf so und soviel »Felle« lauten müssen, um bezahlt werden zu können, d. h. um die Anwendung des Geldes zu ermöglichen, werden die Wertschätzungen homonym gemacht und dadurch vergleichbar [8]).

---

[5]) Die sog. Preisbildungsgesetze aufzuführen, gilt es hier nicht. Sie sollen als Letztes in der Gedankenreihe dieses Abschnittes eine kurze Skizzierung erfahren, erstens der Abrundung wegen und zweitens, um sie in ihrer Unabhängigkeit vom »Geld« zu zeigen.

[6]) Kiichiro Soda, Geld und Wert, Tübingen 1909, S. 86ff., 100f., 128f.

[7]) Karl Helfferich, Das Geld, 6. Aufl. 1923, S. 551.

[8]) Die Wertschätzungen werden im wahrsten Sinne des Wortes »gleichnamig« gemacht. (Es ist gelegentlich von Vorteil, ein Fremdwort für ein schon geläufiges deutsches Wort zu verwenden, um die ureigentliche Bedeutung deutlich ins Bewußtsein zu rufen.) Das in diesem Gedankengang häufig angewandte Wort »homogenisiert« halte ich für nicht scharf genug, wenn nicht sogar für falsch: homogen können die wirtschaftl. Leistungen nicht gemacht werden, wohl aber die Werturteile über sie homonym. Durch dieses Wort scheint mir der Vorgang besser gekennzeichnet.

Wenn irgendwo in unserer durch die Arbeitsteilung bedingten Tauschwirtschaft theoretisch ein Schnitt gemacht werden soll zwischen eigentlichem »Tauschhandel« und der »Geldwirtschaft«, so ist er hier zu tun, wo aus dem Tausch der indirekte Tausch oder Kauf wird mit Hilfe einer Preisbildung, die die Verwendung eines allgemeinen Tauschmittels gestattet. Dieses Tauschmittel erhielt den Namen Geld.

Geld und Nominalpreis dürfen sich nicht um das Erstgeburtsrecht streiten: sie entstehen miteinander [9]). Es handelt sich bei beiden um die Verwirklichung ein- und derselben Zweckidee: Vereinfachung des komplizierten Tauschmechanismus durch einen Vermittler. Diese Idee — die ich die »Geldidee« nennen möchte — wirkt sich auf zweierlei Weise aus, man könnte zur Veranschaulichung sagen: geistig und körperlich. Die geistige Errungenschaft — geboren aus dem Bedürfnis nach Vergleichbarkeit der Werte und deren Verrechnungsfähigkeit — steckt in der Preisbildung [10]); sie wird begleitet von der körperlich-technischen Einrichtung des Geldes . Es wird schwer sein zu analysieren, von welcher der beiden Seiten der Impuls erfolgte; vielleicht war der Vorgang sogar örtlich verschieden. Das Wahrscheinlichste ist, daß bei der Entstehung beider Einrichtungen ein absolutes Zugleich vorliegt: das Geld ohne die vielfältigen Übereinkünfte, die als Preise auftreten, wäre ein Ding ohne Zweck, ohne Bestimmung; es könnte nicht verwendet werden, wenn nicht Preise vorhanden wären, da diese die Anwendung des Geldes erst ermöglichen. Dieser Satz beansprucht — so einfach auch sein Erkenntnisinhalt ist — Beachtung. Er kann nicht geleugnet werden; aus ihm ergeben sich später bei der Bestimmung des Geldbegriffs wichtige Folgerungen. Der Preis ist somit ein notwendiges oder vielmehr: das Korrelat zum Geld. Dies muß vor allen Dingen betont werden. Wenn man von der »Erfindung des Geldes« spricht — oder von der »Entstehung des Geldes« — so muß man sich dessen bewußt sein, daß es sich um zwei Dinge handelt, die allerdings sehr nahe beieinanderliegen: Preis und Geld, die zunächst [11]) nicht getrennt gedacht werden können, so daß eines ohne das andere sinnvollen Bestand hätte.

Um zur Begriffsbestimmung des Preises zu kommen, sei

---

[9]) Vgl. hierzu Cassel, Theoretische Sozialökonomie, 3. Aufl. 1923, Seite 344. Cassel kommt zu anderen Folgerungen als die vorliegende Arbeit.

[10]) Das Wort Preis wird von jetzt ab immer nur im Sinn von Nominalpreis verwendet.

[11]) »Zunächst« — denn später wird sich bei der Betrachtung des Geldes herausstellen, daß die Geldidee auch durch Preise allein aufrecht erhalten werden kann.

noch ein Blick auf den Preis unserer heutigen Wirtschaftsform geworfen.

Von dem geschilderten Anfangszustand der Geldwirtschaft ist nur noch ein Schritt zur heutigen — ein Schritt im Hinblick auf den wesentlichen Unterschied zwischen beiden Stadien. Da die Entwicklung kontinuierlich ist, keine Sprünge macht, so sehen wir heute den Anfang der Geldwirtschaft gleichsam als einen Zwitterzustand: aus dem vorangegangenen Tauschsystem wird das Tauschgut übernommen mit allen seinen Eigenschaften als »Gut«, und das herannahende Geldsystem wird durch die Preise verkündet, die ihren Ausdruck mit Hilfe des Namens dieses Gutes finden. Das Gut geht wohl noch von Hand zu Hand, es wird aber in vielen Fällen nicht mehr »um seiner selbst willen« genommen, sondern dient lediglich als Zahlungsmittel, als Repräsentant dessen, worauf die Preise lauten. Trotz des indirekt gewordenen Tausches bleibt aber der Charakter des Tausches nach außen hin gewahrt: die Tauschmittel tragen Gutscharakter, es wird in ihnen immer noch eine Brauchbarkeit erkannt, die die Verwertbarkeit des Dinges sichert; der Unterschied gegen das System des direkten Tausches liegt im Tauschen nach Preisen, wobei der Name des Gutes, das zum Tauschmittel erkoren wurde, als Preisausdrucksmittel dient — man kann auch sagen: Preiseinheit ist. Der realen Einheit »1 Stück Fell« entspricht die nominelle Einheit »Fell«.

Den Ausdruck »Werteinheit«, den Knapp gebraucht, möchten wir vermeiden, weil er nicht haarscharf auf das paßt, was er bezeichnen soll. Der Wert eines Gegenstandes kann für jeden ein anderer sein, er kann auch gleich sein; aber feststellen lassen wird sich das nie, messen läßt sich der Wert nicht, wie sich auch etwa der Schmerz nicht messen läßt. »Eine Einheit des subjektiven Gebrauchswertes kann es ... nicht geben«[12]. Soda würde sagen: der Wert ist »eine einheitliche psychologische Erscheinung«[13], »keineswegs mathematisch teilbar«[13], von »Einheiten« des Wertes läßt sich daher nicht sprechen. — »Preiseinheit« ist eindeutig[14]. Hinter dem Preis, der für beide Vertragschließenden ein und derselbe ist, stehen wahrscheinlich zwei verschiedene Werte, die beide weder ausdrückbar (d. h. nicht »angebbar«), noch meßbar sind. Den Wert oder die Werte kennt man nicht; der Preis ist auf Grund seines Zustandekommens der »objektivierte Wert«. Die Einheit, auf die der Preis gestellt ist, hat infolge ihrer allgemeinen

---

12) v. Mises, Die Gemeinwirtschaft, 1922, S. 101.

13) Soda, Geld und Wert, 1909, S. 13.

14) Vgl. hierzu auch Oskar Engländer: »Das Geld ohne Eigenwert und die Preislehre« (Jahrb. f. Nationalökonomie u. Stat. III. F. Bd. 64, 1922, Seite 100ff.

Anwendung objektive Bedeutung und zwar in dem Sinne: sie gilt für jedermann in der gleichen Weise, sie kann ihres nominellen Charakters wegen nicht einer Bewertung unterliegen; was bewertet wird, sind die Güter und Leistungen untereinander [15]).

Der oft verwendete Ausdruck »Geldeinheit« ist zunächst wegen des nicht allgemein feststehenden und hier noch nicht näher zu behandelnden Inhaltes des Begriffes »Geld« ebenfalls unbrauchbar. Welch andere Gründe gegen die Anwendung des Wortes »Geldeinheit« (in diesem Zusammenhang) sprechen, wird aus dem nächsten Abschnitt hervorgehen, der der Betrachtung des Geldes gewidmet ist.

Hervorgehoben sei vor allen Dingen nochmals das nominelle Element im Begriff Preis: die Einheit, auf die er lautet. Hat das Wort Preis, lat. pretium, ursprünglich auch die Bedeutung von Wertgegenstand, und wird es auch schon auf die Gegenstände des einfachen Tausches angewandt, so ist doch der Sprachgebrauch bei dem Worte Preis geblieben, obwohl sich seine Bedeutung von einem konkreten Gegenstand zu einem abstrakten gewandelt hat: nämlich vom Preis als dem herzugebenden Gut zum Preis als der auf eine im Güterwertverkehr eingeführte und gebräuchliche Einheit bezogenen Zahl. Der Name des Tauschmittels wird zum einheitlichen Beziehungsgegenstand für alle Werturteile. Vorerst bleibt der Name noch an die Vorstellung des betreffenden Gutes geknüpft; die Gewöhnung hat aber später zur Folge, daß die Vorstellung vom Tauschgut verblaßt, und dieses Gut gleichsam in die Sphäre der Gleichgültigkeit abgleitet [16]). Weniger mystisch ausgedrückt heißt das: der indirekte Tausch läßt es zu, daß die Forderung nach den Gutseigenschaften des Tauschvermittlers immer mehr in den Hintergrund des Interesses der Tauschenden rückt und der Name des Gutes allmählich allein der näheren Bestimmung dieser Werturteile — im Sinne der Unterscheidung von anderen Werturteilen — dient. Die verschiedenen Preiseinheiten oder — wie jetzt wohl vorwegnehmend und doch ohne mißverstanden zu werden gesagt werden darf — die verschiedenen Währungseinheiten ordnen die vielen Werturteile bestimmten Preissystemen zu; keinesfalls sind sie selbst »Vergleichsgrößen«, — »Grö-

---

[15]) Das ist vor allen Dingen Cassel gegenüber zu betonen, der in seiner Theoretischen Sozialökonomie (3. Aufl. 1923) von der »wirtschaftlichen Bedeutung der Rechnungseinheit« (S. 348) und von dem »Wert der Währungseinheit« (S. 366) spricht; ich halte diese Ausdrucksweise wegen der sich daran knüpfenden Folgerungen für irreführend.

[16]) Einen ähnlichen Vorgang — weil auf durchaus den gleichen Motiven beruhend — konnten wir in der Übergangszeit von der Inflation zur stabilen Währung beobachten: das allmähliche Verschwinden der Gold- oder Dollarklausel aus den Verträgen!

ßen« werden sie erst durch die Verbindung mit einer Zahl. Und damit komme ich zur Begriffsbestimmung des Preises:

Der Preis ist das Werturteil für ein Gut oder eine Leistung, ausgedrückt in einer Zahl und bezogen auf die Währungseinheit.

»Werturteil« ist der Preis, weil er aus dem Streit einer Anzahl von Wertvorstellungen hervorgeht. (Noch im Mittelhochdeutschen hat das Zeitwort prîsen die Bedeutung von »schätzen, beurteilen« neben anderen[17]). Um für die Wirtschaft in unserer heutigen Form tauglich zu sein, müssen diese Wertungen einen objektiven — ich bin versucht zu sagen: einen transzendentalen — nämlich außerhalb der Sphäre der subjektiven Vorstellungen und Empfindungen liegenden Ausdruck finden. Dieser Ausdruck geschieht durch eine Zahl. Das intensive Wesen des Wertes erhält auf diese Weise gleichsam — in einer etwas freieren Anwendung des Wortes — Extensität[18]). Darin liegt ein Ungeheures; es wäre ohne die Würdigung der Entwicklungsgeschichte unbegreiflich. Die Wertschätzung, deren subjektive Elemente zu einem unmeßbaren, nicht mitteilbaren psychischen Größenbegriff (Wert) führen, erlangt im Preis eine Ausdrucksform, die als Zahl jedermann verständlich ist und zugleich Vergleiche mit anderen so geformten Wertschätzungen zuläßt.

Doch die reine Zahl allein genügt nicht, um ein Werturteil über ein Gut auszusprechen; die Zahl muß mit einer Einheit benannt sein, — einer Einheit, die schon auf irgendeine Weise dazu bestimmt wurde, Werturteile zu bezeichnen. Das ist die Preiseinheit, die — wie etwa die Gewichtseinheit durch ein bestimmtes Gewicht — durch einen bestimmten Preis Sinn und Bedeutung erhält. Diese Preiseinheit wird durch die staatliche Regelung des Geldwesens zur Währungseinheit oder Rechnungseinheit[19]), wodurch an der Sache nichts geändert wird, sondern nur der Name dafür. Die Währungseinheit ist bei uns in Deutschland die Reichsmark; ihre Verankerung mit der Güterwelt erhält sie durch die staatliche Preisfestsetzung: ein Pfund Feingold = 1392 Reichsmark, aus welcher für die Einheit Reichsmark folgt, daß sie der Preis ist für etwa 0,35 g Feingold. Dieser Preis ist durchaus nicht als eine »Wertgleichung«[20]) anzusehen in dem Sinne, daß einer Reichsmark

17) Vgl. Weigand, Deutsches Wörterbuch, Gießen 1909/10: »Preisen«.

18) Etwa zu übersetzen mit »Wahrnehmbarkeit nach außen, für Dritte«.

19) Laut Münzgesetz vom 30. 8. 1924, § 1.

20) Wenn daher Helfferich von einer »Wertgleichung« spricht, so muß eine solche Auffassung zu anderen Folgerungen führen als die hier vertretene; das wird später noch deutlicher werden.

eine bestimmte Menge Gold (0,35 g) entspricht; diese Gleichsetzung ist nur ein rein nomineller Vorgang, ähnlich dem, der besagt, daß das Gewicht von einem Kubikdezimeter destillierten Wassers bei 4° C im luftleeren Raum »gleich« 1 Kilogramm ist. Ähnlich — und nicht gleich — ist der Vorgang deswegen, weil der Name Reichsmark eine Geschichte hat, die sich in den rekurrenten Anschlüssen an frühere Geldsysteme verfolgen läßt, und die in ihrem Ursprung auf ein Gewichtsverhältnis zwischen Gold und Silber weist, wodurch die Kontinuität der heutigen mit den ältesten Tauschverhältnissen gewahrt bleibt.

Dies alles mußte hier vorweggenommen werden, obwohl erst im übernächsten Abschnitt des näheren erörtert werden soll, was es mit der Währung für eine Bewandtnis hat.

Der Begriff des Preises ist somit festgelegt in der Bedeutung, die er in dieser Arbeit ein für allemal haben soll. Alle anderen Definitionen, die im Preis eine »Menge von Gütern«[21]) sehen oder eine »Summe von Geldeinheiten«, die »Geldsumme« und ähnliches, sind damit abgelehnt wegen ihrer Unklarheit, die Anlaß zu Mißverständnissen geben könnte, da alle diese Ausdrücke auf die Bedeutung von Äquivalenten schließen lassen, und die alte Vorstellung vom Realpreis nicht vollkommen verdrängt wird. Aus demselben Grunde scheint uns auch die Erklärung nicht befriedigend zu sein, die sagt, der Preis sei der in Geld ausgedrückte Tauschwert eines Gutes. Sobald an das konkrete Geld gedacht wird, wie es offenbar hier der Fall ist, steht noch zu sehr der Gedanke an die konkrete Gegengabe im Vordergrund, wobei dem Geld stillschweigend Eigenschaften zuerkannt werden, die nur unter ganz bestimmten Voraussetzungen da sind, von der Theorie also in den Geldbegriff nicht aufgenommen werden können, wenn sie allgemeine Gültigkeit beanspruchen will. Preisausdrucksmittel ist somit die Preis- oder Währungseinheit, nicht das Geld. Das Geld ist das technische Mittel, Preiszahlungen zu ermöglichen[22]).

Sehr gern würden wir uns zu der Meinung Sodas bekennen, der schreibt: »Der Wert wird als »Preis« äußerlich in der numerischen Mehrzahl der Einheit ausgedrückt . . .«[23]); wenn er nicht auf der nächsten Seite das Geld als äußerlichen, nume-

---

[21]) Vgl. hierzu auch die scharfe Zerlegung der Preisdefinition von Philippovich durch K. Elster, Z. Analyse des Geldproblems (Jahrb. f. Nat. u. Stat. 3. F. Bd. 54, S. 275f.).

[22]) Darüber ausführlicher unten, Abschnitt III, A: »Das Geld als technische Einrichtung zur Preiszahlung.«

[23]) K. Soda, Geld und Wert, 1909, Seite 13.

rischen und objektiven Ausdruck des Wertes bezeichnete[24])! Dieses Ineinandergehen von den Begriffen Preis und Geld erschwert das Verständnis verschiedener Teile des Buches.

## Exkurs:
## Über die Preisbildungsgesetze[1]).

Obwohl der Gedankengang dieser Arbeit nur des fest formulierten Begriffes »Preis« bedarf, um nach dieser Richtung hin »vollständig« zu sein, erscheint es hier doch angebracht, den eigenen Standpunkt zu den Preisgesetzen zu kennzeichnen.

Man spricht von »Preisgesetzen«, wohl auch vom sogenannten »Grundgesetz der Preisbildung« — ist man sich jedoch immer bewußt, welchen Charakter diese »Gesetze« haben? Von der richtigen Beurteilung dieses Charakters hängt so unendlich viel ab für die Einsichtgewinnung in die Wirtschaft!

Mit der Frage nach dem Charakter der Preisgesetze ist gleichzeitig alles das heraufbeschworen, was den Meinungskampf um die Natur der Wirtschaftswissenschaft überhaupt ausmacht. Mit anderen Worten: sie steht im engsten Zusammenhang mit der Methodenfrage unserer Wissenschaft. Diese Methodenfrage — an der nicht allein Fachgelehrte teilnehmen, wie Schmoller[2]), Carl Menger[3]), Max Weber[4]), Schulze-Gaevernitz[5]), Julius Wolf[6]), Adolf Weber[7]), v. Gottl-Ottlilienfeld[8]), sondern auch Philosophen, wie Wundt[9]), Rickert[10]), Troeltsch[11]) — ist noch keineswegs abgeschlossen, so daß man sich eines allgemein anerkannten Ergebnisses erfreuen könnte! (Nach unserer Meinung wird es soweit auch nie kommen können, da gerade dieses Problem sehr stark mit der eigenen Weltanschauung verwachsen ist!) Eine ungefähre Überein-

---

[24]) Vgl. auch Soda, Geld und Wert, 1909, Seite 166: »Wir definieren das Geld als den objektiven ziffernmäßigen Ausdruck des Wertes.«

[1]) Vgl. Sombart, Der moderne Kapitalismus, 1916, Bd. 1, 33. Kapitel, I. »Die Preisgesetze«.

[2]) Schmoller, Grundriß der allg. Volkswirtschaftslehre, 1. Teil. Einl.

[3]) Menger, Untersuchungen ü. d. Methode der Sozialwissenschaften und der politischen Ökonomie insbesondere, 1883.

[4]) M. Weber, Gesammelte Aufsätze zur Wissenschaftslehre, 1922.

[5]) Schulze-Gaevernitz, Marx oder Kant? Freiburg 1908.

[6]) J. Wolf, Nationalökonomie als exakte Wissenschaft, 1908.

[7]) A. Weber, Die Aufgaben d. Volkswirtschaftsl. als Wissenschaft 1909.

[8]) v. Gottl-Ottlilienfeld, Wirtschaft als Leben, 1925; Der Wertgedanke, ein verhülltes Dogma der Nationalökonomie, 1897.

[9]) Wundt, Logik, Bd. II: Methodenlehre, 1883, insb. IV. Abschnitt.

[10]) Rickert, Kulturwissenschaft und Naturwissenschaft, 1915.

[11]) Troeltsch, Zum Begriff und zur Methode der Soziologie (= Weltw. Archiv, VIII, 1916).

stimmung in der Ideenrichtung scheint dadurch gegeben zu sein, daß man in der Wirtschaftswissenschaft grundsätzlich die Möglichkeit zu zwei verschiedenen, sich jedoch gegenseitig bedingenden Betrachtungsweisen erblickt. Gekennzeichnet sind diese beiden Verfahrensweisen etwa durch die — leider schon wieder verschiedenen Ausdeutungen ausgelieferten — Schlagworte: naturwissenschaftlich und kulturwissenschaftlich (Rikkert), generalisierend und individualisierend (Philippovich), theoretisch und historisch (Menger).

Von Gottl-Ottlilienfeld verurteilt es aufs schärfste, daß man in unserer Wissenschaft Gesetze im Sinne von Naturgesetzen formuliert. »Das Suchen nach Gesetzen ist somit bei uns unbewußte Schaumschlägerei«, sagt er einmal[12]). Und: »In Wahrheit ist es von einer sehr minderen Erkenntniswürde, was sich bei uns als »Gesetz« brüstet«[13]). Daß er dabei die Preisgesetze einbegreift, für die bei manchen anderen Theoretikern mathematische Genauigkeit und Gültigkeit beansprucht wird, scheint mir daraus hervorzugehen, daß er z. B. auch von der »Bauernregel« von »Angebot und Nachfrage« spricht (a. a. O. S. XXIV). Auch für viele andere handelt es sich bei solchen Gesetzen um »Selbstverständlichkeiten«. Da erscheinen Zweifel in den wissenschaftlichen Wert solcher Preisgesetze berechtigt.

Die Erkenntnis von Gesetzlichkeiten[14]) innerhalb der Preisbildung hat durchweg hypothetischen Charakter. Die an sich problematischen Voraussetzungen und Bedingungen — wie etwa das gewichtige »ceteris paribus« — sind notwendige Bestandteile der Preisgesetze. Hält man sich diese Einschränkungen und Bedingungen vor Augen, so bleibt als »Gesetz« nur ein aus logischen, rechnerischen Gedankenoperationen sich ergebender Satz übrig[15]). Es bedarf zu seinem Zustandekommen eigentlich nicht einmal der Beobachtungen, da ja ohnehin in der Formulierung des Gesetzes von den »Ausnahmen«[16]), »Zufälligkeiten« (von denen man nicht wissen kann, wieweit sie

---

[12]) Im Begleitwort zu »Wirtschaft als Leben« 1925, Seite XXV.

[13]) a. a. O. Seite XXIV.

[14]) im Sinne von Karl Groos, Naturgesetze und historische Gesetze, 1926, S. 7: Gesetzlichkeit zum Unterschied von Gesetz als das »wirkliche Verhalten der Gegenstände selbst« gegenüber der »Aussage« über dies wirkliche Geschehen.

[15]) Treffend sagt Sombart von der Anwendung der Preisgesetze auf das Geld im Sinne der »Quantitätstheorie alter Prägung«, daß sie auf einer Meinung beruhe, »... die sich ausschließlich auf die Autorität von Adam Riese stützte«. (W. Sombart, Der moderne Kapitalismus, 2. Aufl. 1916, Bd. 1, Seite 546.)

[16]) Über die »Abweichungen« von den Preisgesetzen vgl. Sombart, Der moderne Kapitalismus, 2. Aufl. 1916, Bd. 1, S. 544 f.

einer Einordnung in »Regeln« zugänglich sind) »abgesehen« wird und werden muß, um nicht zu einer Beschreibung statt zu einem Gesetz zu gelangen. Ein solcher Satz — das Gesetz — ist wohl auf Grund seines rationalen Zustandekommens absolut sicher. Aber er ist nicht dem Leben abgelauscht! Sein Erkenntnisinhalt ist nicht empirisch begründet. Der Preis, den wir bezahlen müssen, ist eine Komplikation aus so mannigfachen und undurchsichtigen Interessenwahrungen, daß es kaum möglich scheint, ihnen allen auf die Spur zu kommen, geschweige denn, sie in »Gesetze« zu fassen! Max Weber sagt: »Für . . . die abstrakten Preisbildungs- . . . usw. Theorien wurde . . . hie und da phantastischerweise in Anspruch genommen: sie könnten, nach — angeblicher — Analogie physikalischer Lehrsätze, dazu verwendet werden, aus gegebenen realen Prämissen quantitativ bestimmte Resultate — also Gesetze im strengsten Sinne — mit Gültigkeit für die Wirklichkeit des Lebens deduzieren, da die Wirtschaft des Menschen bei gegebenem Zweck in bezug auf die Mittel eindeutig »determiniert« sei. Es wurde nicht beachtet, daß, um dies Resultat in irgendeinem noch so einfachen Falle erzielen zu können, die Gesamtheit der jeweiligen historischen Wirklichkeit einschließlich aller ihrer kausalen Zusammenhänge als »gegeben« gesetzt und als bekannt vorausgesetzt werden müßte . . .«[17]). Im weiteren Verlauf der Weberschen Aufklärungen erweisen sich diese Gesetze sowie die Idealtypen überhaupt, mit denen die wirtschaftliche Theorie arbeitet, als heuristische Mittel[18]), um die »Eigenart von Kulturerscheinungen scharf zum Bewußtsein zu bringen«[19]). Die Bedeutung der Preisgesetze liegt somit nicht etwa in den Erkenntnisoffenbarungen, sondern vielmehr in ihrer Brauchbarkeit zum Auffinden solcher Erkenntnisse. Das ist ein großer Unterschied. In den Preisgesetzen liegt keine Problemlösung, man findet durch sie nur, »wo das Problem angeht«[20]). »Das Leben in seiner irrationalen Wirklichkeit«[21]) wird hier

---

17) Max Weber, Gesammelte Aufsätze zur Wissenschaftslehre, Tüb. 1922, Seite 188.

18) Vgl. hierzu auch O. v. Zwiedineck, Kritisches und Positives zur Preislehre, Zeitschr. f. d. ges. Staatsw. Bd. 64, S. 597 ff.

19) Max Weber, a. a. O. Seite 202.

20) Eckermann, Gespräche mit Goethe, hrsg. von C. Höfer, 1913, S. 146.

21) Max Weber, a. a. O. Seite 203. — Offenbar steht Weber hier im Gegensatz zu Hegel, der das Geschehen geradezu als Ausdruck der höchsten Vernunft ansieht. — Doch mir scheinen beide Anschauungen nicht unvereinbar nebeneinander zu stehen. Wenn uns die Dinge von der Nähe betrachtet sehr wohl oft unbegreiflich, irrational erscheinen — weil unverträglich mit unseren eigenen Ideen (Erwartungen) — so können wir doch annehmen, daß im Ursprung der Geschehnisse ein »vernünftiger Kern« steckt, so daß das Ende (sofern man ein solches künstlich in den unend-

der theoretischen Forschung ewig Rätsel aufgeben[22]). (Schon flüchtige Beobachtungen von Preisentwicklungskurven können einen zum Nachdenken veranlassen[23]).)

Und doch wäre es falsch zu leugnen, daß einige allgemeine Beweggründe vorhanden seien, nach denen »sich die Preisbildung vollzieht«, wie gewöhnlich bildlich gesagt wird. Solche Bestimmungsfaktoren für das Zustandekommen eines Preises sind die Produktionskosten[24]) — entsprechend im Lohn, dem Arbeitspreis: die Lebenshaltungs- und Erziehungskosten —, der Grenznutzen der Käufer und Verkäufer, die Mengen der angebotenen und nachgefragten Güter und die Machtstellung der Anbieter und Nachfrager. Der fragwürdige Charakter solcher »Faktoren« liegt offen. Bekannt sind allein die Produktionskosten, denn sie ergeben sich ja — aus Preisen! Aber auch diese enthalten noch ihrer Höhe nach zweifelhafte Posten, wie Arbeitslohn des Unternehmers, Abschreibungen und sonstige auf verschiedene Erzeugnisse anteilig entfallende Unkosten usw. Nimmt man an, daß diese Produktionskosten nahezu genau ermittelt werden könnten, so läßt sich behaupten, daß die Angebotspreise von diesen Produktionskosten stark beeinflußt sind, und es ist sicher »richtig«, wenn man sagt, daß die Preise auf die Dauer und im Durchschnitt nicht unter den Betrag der Produktionskosten sinken können, da die betreffende Ware sonst »vom Markt verschwindet«, d. h. nicht mehr produziert wird. Das private Interesse wird also entscheiden! Das in der Wirtschaft vorherrschende Streben nach »größtem Ertrag« ist also sicherlich neben den Produktionskosten für die Höhe des Angebotspreises mitbestimmend[25]).

---

lichen Lebensstrom hineinkonstruiert) um so »vernünftiger« erscheint, je tiefer die Einsicht in den Zusammenhang der Geschehnisse reicht. — Aber das ist Glaube, nicht Wissen; und: »Die Vernunft des Menschen und die Vernunft der Gottheit sind zwei sehr verschiedene Dinge«, sagt Goethe zu Eckermann (a. a. O.).

22) Vgl. O. v. Zwiedineck a. a. O. Seite 596: »Mit dem Glauben an die Beständigkeit und Allgemeingültigkeit irgend einer Preislehre ist daher überhaupt zu brechen. Auch hier ist alles Sein Entwicklung, und der volkswirtschaftlichen Theorie erstehen auch auf diesem engsten Raum stets neue Aufgaben.«

23) z. B. »Wirtschaftskurve« 1926, S. 246, 360: Häute und Leder steigen im Preis, das Fertigprodukt, die Schuhe, bleibt im Preis unverändert.

24) Den Begriff der »Reproduktionskosten« möchte ich hier lieber vermeiden, da er als »Wiederbeschaffungspreis« in der Betriebswirtschaftslehre eine nicht ganz einwandfreie theoretische Fundierung erhalten hat, auf die hier nicht eingegangen werden kann.

25) Vgl. hierzu auch Béla Földes: »Glossen zur Theorie der Abhängigkeit der Preise von den Produktionskosten« in den J. f. N. 3. Folge Bd. 31, 1906; insbes. S. 749: »Die hier erörterten Fälle lehren uns vor allem, daß das Gesetz der Produktionskosten — so wichtig und bedeutend

Auf der Nachfrageseite ist die Dringlichkeit des Bedürfnisses sicher der Hauptgrund für die Wertschätzung eines bestimmten Gutes. Da es aber für die »Wertschätzung« immer zweier Dinge bedarf, die gegeneinander »gewogen« werden, so wäre das zweite Gut noch zu nennen. Philippovich und viele andere sehen dieses Vergleichsgut im Geld, als ob im wirtschaftlichen Leben das Geld letztes Ziel sei! Das heißt: als ob es der unmittelbaren Bedürfnisbefriedigung diente und somit den anderen Dingen gleichzustellen sei. Dem ist aber nicht so: wir wollen vielmehr mit dem Geld uns die Befriedigung unserer Wünsche verschaffen durch den Genuß von Gütern, Dienstleistungen und sonstigen Dingen (gedacht ist hier an die gewöhnlich in die »Dienstleistungen« einbezogenen Darbietungen ästhetischer Art). Und diese sind es, die wir gegeneinanderhalten — oder vielmehr deren vorgestellte Werte —, wenn wir uns entscheiden, für etwas einen Preis zu zahlen, — wenn wir überhaupt bei einer Preisbewilligung zu überlegen gezwungen sind! Gebunden sind wir an das Einkommen[26]) und etwaige andere uns zur Verfügung stehende Vermögensteile. Das Einkommen kann und wird in den meisten Fällen — wenigstens hierzulande — Geldform haben, muß diese aber nicht haben — ohne dadurch den Einkommensbegriff, der eine Kategorie der Geldwirtschaft ist, zu einer solchen der Naturaltauschwirtschaft zu machen; denn: kann das Einkommen auch naturale Leistungen einschließen, so besteht heute — von wenigen Ausnahmen abgesehen — die Möglichkeit, diese Naturalbestandteile des Einkommens mit ihrem Preis einzusetzen, so daß das Gesamteinkommen doch eine »Wertsumme« ergibt, wodurch die »Geldidee« ihren Ausdruck fände.

Die »Geldeinheit«[27]) ihrem »Werte« nach schätzen können wir nur, indem wir uns umsehen, welch andere Dinge wir für sie erstehen könnten; »wir haben eine gewisse, wenn auch nebelhafte Vorstellung von der naturalen Bedeutung der Geld-

---

es auch ist — keine allgemeine Anwendung findet und sich nicht mechanisch auf alle Erscheinungen anwenden läßt. Die wirtschaftlichen Erscheinungen sind eben keine mechanischen, sondern psychologische Vorgänge; hinter dem Schleier der Erscheinungen steht überall der Mensch mit seinen tausendfältigen Bedürfnissen und unerschöpflichen Motiven.« Er fordert sodann neben der allgemeinen Produktionskostentheorie noch eine »spezielle Theorie der Produktionskosten«.

[26]) »Einkommen (ist) die Wertsumme der in einer Haushaltwirtschaft innerhalb einer Wirtschaftsperiode zufließenden Erträge ihrer Erwerbswirtschaft und erwerbswirtschaftlichen Handlungen einschließlich sonstiger geldwerter Bezüge und Nutzungen, die als planmäßige Mittel der Bedarfsbefriedigung zu dienen bestimmt sind.« Gerloff i. Handb. d. Finanzwiss., hrsg. v. Gerloff-Meisel, Tübingen 1926, Bd. I, Seite 50.

[27]) — wenn ich diese in meinen Augen unklare Ausdrucksweise hier einmal anwenden darf!

einheit«, würde Neumark sagen. Mit demselben Gedanken ließe sich aber wissenschaftlich besser umgehen, wenn er anders ausgedrückt wäre, nämlich durch den eindeutigen Begriff »Preis«: wir wissen ganz genau, was in unserem Interessenbereich eine Reichsmark kostet! Für unsere Auffassung von Preis und Geld geht es nicht an, daß in einer Preislehre von der Wertschätzung des Geldes als von einer der Wertschätzung der Ware gegenüberstehenden Erwägung die Rede ist[28]). Ein ähnlicher Gedanke scheint Sombart vorzuschweben, wenn er schreibt: »Es ist nicht schwer, nachzuweisen, daß diese schematische Übertragung der Warenpreisgesetze auf die Geldwertbildung unstatthaft ist aus dem sehr einfachen Grunde, weil es für die Geldware ein Angebot und eine Nachfrage in dem Sinne, den wir diesen Begriffen für die gemeinen Waren unterlegten, überhaupt nicht gibt.«[29])

Kein Faktor der Preisbildung liegt auf der sogenannten »Geldseite«! (Wohlgemerkt: wenn man den Begriff »Geldseite« nicht mit dem des Einkommens identifiziert, ihm auch nicht die Bedeutung von kurz- oder langfristigem Kredit oder des diesem entsprechenden Kapitals unterschiebt, was auf Kosten der Klarheit nur zu häufig geschieht![30])) Güter und Leistungen allein werden ihrem subjektiven Nutzen nach mit-

---

[28]) Vgl. dazu Bendixens »satirische Entgegnung an Knapp« (Das Wesen des Geldes, 3. Aufl. 1922, S. 73 Anmerkung), wo er die »Wertschätzung« des Geldes beim Kauf ins Lächerliche zieht — mit Recht, wie ich glaube.

[29]) Sombart, Der moderne Kapitalismus, 2. A. 1916, Bd. 1, S. 547f. Allerdings weist Sombart bei dieser Gelegenheit auf die »guten Ausführungen« bei Philippovich hin — Grundriß der pol. Ökonomie, Bd. 1 —, was mich aus dem Grunde wundert, da gerade Philippovich z. B. die Grenznutzenlehre zur Erklärung des Geldwertes verwendet (16. Aufl. 1921, § 94, c, S. 305 und § 78, 5. S. 252f.). Gegen die Anwendung der Grenznutzenlehre auf das Geld ist auch Soda, Geld und Wert, 1909, Seite 91f. — Ebenso Helfferich, Das Geld, 1923, S. 577f., wogegen jedoch v. Zwiedineck Einwände erhebt (»Kritisches und Positives zur Preislehre«, Z. f. ges. Staatsw. 1908 Bd. 64, S. 606ff.); v. Zwiedinecks Gegenargumentation wurzelt in der »Gewißheit, daß der innere Geldwert eine Funktion der verfügbaren Menge an Kaufkraft begründenden Wertbeträgen ist, also für die Konsumwirtschaften im allgemeinen und vor allem eine Funktion des Einkommens«. Dagegen ließe sich allerdings sagen, daß Einkommen selbst auf Grund von Preisen gezahlt werden, und für die Anwendung des Grenznutzengedankens auf das Geld als solches kein eigentliches Recht besteht. —

[30]) Der Ausdruck »Geldseite« ist daher besser zu vermeiden. Die Vorstellung, die am meisten mit ihm verbunden wird und deswegen auch hier vorschwebt, ist die von der »Menge der Zahlungsmittel«. Diese ist aber von durchaus untergeordneter Bedeutung; sie richtet sich nach der Höhe der Preise, nach den Zahlungsweisen; Rich. Hildebrand sagt (in seiner Theorie des Geldes, 1883, S. 113), daß »der Bedarf an Geld sich mit nach den Preisen richtet, nicht aber die Preise durch die Menge des Geldes bestimmt werden«.

einander verglichen, wobei die letztvergangenen Preise gleichsam das objektive Element der sich ständig von neuem vollziehenden Preisbildung sind[31]. Und da fast alles, was auf dem Markt erscheint, nach irgendeiner oder oft auch nach vielen Richtungen hin »Anlieger« hat — man denke an das Gesetz der Substitution bei Produzent und Konsument —, so lassen sich mannigfache Relationen erkennen, die deutlich zeigen, wie sich die einzelnen Marktgegenstände durch ihre Preise gegenseitig »im Schach halten«. »Es ist ein gegenseitiges Schieben und Drängen der Güterarten, bis sie sich in die Verhältnisse einpassen, die Wertverhalten und Einkommensverhältnisse bedingen, bis sich zwischen ihnen ein Preisverhältnis herstellt, bei dem eben nicht mehr unbefriedigte Nachfrage nach einer Güterart herrscht, die durch Aufgabe von Gütern der anderen Art befriedigt werden möchte«[32]. Nicht mit Unrecht spricht man daher von einem Preissystem (Cassel: Preisskala) oder von einem »Preisgebäude, in dem jedes Ding seine Heimat hat und auf diesem Platz nur mit geringer Bewegungsfreiheit ausgestattet ist — gebundene Währung[33] vorausgesetzt« (Rieger). Dieses durch die miteinander und gegeneinander laufenden Interessen sich ständig von neuem ineinanderfügende Preissystem ist es, was uns den Zustand der Wirtschaft veranschaulicht: jedem an dem ihn interessierenden Punkt, so daß er die Möglichkeit hat, gemäß seinen Vorstellungen, Fähigkeiten und Mitteln Einfluß auf die Preisbildung zu üben. Diese Einwirkung kann eine Änderung der oder jener Preishöhe auslösen, kann aber auch durch die Einwirkung anderer aufgehoben werden. Die theoretische Konstruktion des »Marktpreises« in seiner idealtypischen Entwicklung und Gestalt schließt die Idee ein, daß die Preise darauf hintendieren, »einen Einklang zwischen Produktion und Konsumtion herzustellen« (Rieger), oder — wie Cassel sagt —: »Die Preisbildung hat also die sozialökonomische Aufgabe, die Ansprüche auf Güter so weit zu beschränken, daß sie mit den zur Verfügung stehenden Mitteln befriedigt werden können.«[34] Dies ist ein von

---

[31] v. Zwiedineck weist nach, daß es nur scheinbar ein logischer Fehler ist, wenn man sagt, daß die Preisbildung von anderen Güterpreisen abhängig sei (»Kritisches und Positives zur Preislehre«, Z. f. ges. Staatsw. Bd. 65, 1909, S. 82f.).

[32] O. Engländer »Das Geld ohne Eigenwert und die Preislehre«, J. f. N. 3. Folge, Bd. 64, 1922, S. 126.

[33] Näheres darüber im Abschnitt über die Währung in dieser Arbeit.

[34] Cassel, Theoretische Sozialökonomie, 1923, Seite 55. Wenn Cassel von der Aufgabe der Preisbildung spricht, so sehe ich darin eine gewisse Ungenauigkeit: nicht die Tätigkeit der Preisbildung erfüllt diese Aufgabe, sondern die Preise selber!

der Vernunft gebotener Schluß, denn Produktion und Konsumtion können nicht anders als füreinander bestimmt gedacht werden, — eine Harmonie zwischen beiden ist — logisch — immer vorhanden, wenn in der Wirklichkeit auch nie erreichbar! Die Verschiebungen im Preisgebäude zeigen »Störungen« auf dem Markt an und sind selbst wieder die Richtpunkte für die Gegenmaßnahmen. So kann man dahin kommen, an eine dem Wirtschaftsleben »immanente Logik« zu glauben, die aus den »vernunftgemäßen«[35]) Handlungen der Menschen resultiert: Unsere Beobachtungen führen auf den Gedanken, gleich Hegel in der Geschichte, so hier im Ablauf der wirtschaftlichen Tatsachen das Walten einer »List der Vernunft« zu erkennen.

Was diese Erörterungen bezweckten, sind folgende Feststellungen:

Preisbildungsgesetze von jener Gültigkeit, wie sie etwa die physikalischen Gesetze beanspruchen dürfen, kann es nicht geben. Absolute Klarheit in die so verwickelten Zusammenhänge zu bringen, wird wegen ihrer irrationalen Bestandteile kaum je gelingen. Ganz allgemein darf wohl gesagt werden, daß sich in den Preisbewegungen der Wirtschaftskampf spiegelt, oder mit anderen Worten: daß die hinter den Preisen stehenden Interessen in ihrer Gesamtheit auf einen Ausgleich, ein harmonisches Sichaufeinandereinspielen hinführen — keineswegs in diesem Sinn beabsichtigt, denn kein Mensch kennt ja etwa den »statischen« Preis in Wirklichkeit, noch das »Gesamtwohl« oder das »volkswirtschaftliche Gesamtinteresse«! Der Ausgleich wird notwendigerweise angestrebt, da jeder Preis zu seinem Zustandekommen die Übereinstimmung zweier Interessengegner bedarf; »erreicht« wird dieser Ausgleich wohl nie, auch wenn man ihn überhaupt erkennen könnte.

Wir neigen somit dazu, den einzelnen Preis und das System der Preise als etwas Gegebenes hinzunehmen, dessen Zustandekommen ein historischer Prozeß ist, der ebensowenig allein mit logischen Deduktionen erklärt werden kann wie die Weltgeschichte überhaupt.

Nur zu begreiflich dünkt uns die durchaus nicht entehrende Kapitulation Karl Elsters vor dem Preisproblem, das als »Verteilungsproblem« für ihn das Problem der Wirtschaft überhaupt ist: »Und das Problem der Wirtschaft gehört zu jenen Fragen, denen gegenüber sich der forschende Geist mit der negativen Erkenntnis begnügen muß, daß sie jenseits der Grenz-

---

[35]) »vernunftgemäß«, weil wir wohl gezwungen sind, jede Handlung des Menschen als des »vernünftigen Wesens« für nicht anders als vernunftgemäß zu halten — mag auch die spätere eigene oder fremde Beurteilung einer solchen Handlung anders lauten!

steine wohnen, die der positiven Erkenntnis gesteckt sind. Wir müssen uns auf die Feststellung beschränken, daß dieser Verteilungsprozeß tatsächlich vor sich geht.«[36])

## III. Das Geld als technische Einrichtung zur Preiszahlung.

### A. Begriffliches.

Galt der erste Teil dieser Arbeit der Entwicklung des Begriffes Preis als der geistigen Seite der »Erfindung« Geld (weil sie dank der homonymen Werturteile das Rechnen und Vergleichen möglich macht), so muß jetzt die andere Seite, die praktisch-technische, in den Vordergrund der Betrachtung treten, und diese hat somit die Vielheit der Geldformen zum Gegenstand.

Die große geschichtlich-idiographische Vorarbeit ist auf diesem Gebiete schon ausgiebig von Ethnologen geleistet worden[1]). Was für den Geldtheoretiker zu tun bleibt, ist: aus der Besonderheit der einzelnen geschichtlichen Geldformen allgemeine Wesenszüge — gleichsam das Elementare — zu erkennen und darzustellen, um so zu einer Erklärung jedes einzelnen Sachverhaltes geldwirtschaftlicher Art zu kommen. Zu diesem Zweck sollen hier einige in mehrfacher Hinsicht interessante Beispiele aus der Geldgeschichte analysiert werden. Dazu kann folgende allgemeine Erkenntnis vorweggenommen werden:

Die Dinge, die dem Einfluß des menschlichen Geistes unterliegen, das heißt hier: die technischen Einrichtungen, sind einem ständigen Wandel unterworfen. Dieser Wandel ist wie ein Zeichen vom ewigen Streben nach Vollkommenheit, das teils dem Menschen bewußt, teils aber auch unbewußt schafft und die Dinge fördert. Und zwar ändert sich die äußere Gestalt, das innere Wesen bleibt jedoch seiner Urbestimmung getreu; der Zweck beherrscht die Richtung der Entwicklung.

Hier stehen wir gleich am Anfang der Betrachtung vor der notwendigen Entscheidung, als Geld nur eine nach allen Seiten hin begrifflich fest begrenzte Sache zu bezeichnen[2]).

---

[36]) Karl Elster, Zur Analyse des Geldproblems, Jahrb. f. Nat. u. Stat. 3. Folge, Bd. 54, Seite 299.

[1]) z. B. H. Schurtz, Grundriß einer Entstehungsgeschichte des Geldes, Weimar, 1898, und die dort reichlich zitierte ethnographische Literatur.

[2]) Wie schön und beherzigenswert schreibt Max Weber: »Jeder nur anschaulichen Schilderung haftet die Eigenart der Bedeutung künstlerischer Darstellung an: »Ein jeder sieht, was er im Herzen trägt«, —

Es erscheint uns z. B. zweifelhaft, ob H. Schurtz in seinem »Grundriß einer Entstehungsgeschichte des Geldes« mit Recht das Wort Geld auf die angesammelten Gegenstände — seien es Steine, Matten, sei es Elfenbein oder sonstiges — anwendet. Sind dies auch »Dinge, die einen wirklichen oder phantastischen Wert haben«, so werden sie deswegen doch nicht zu »Geld«, »indem sich in und mit ihnen Macht und Ansehen aufspeichern läßt« — im Gegensatz zur Meinung Schurtz'[3]). Offenbar sind darunter Gegenstände des Reichtums verstanden, die wir heute etwa mit dem Worte »Vermögen« benennen würden. Geld und Vermögen sind aber verschiedene Dinge. Ähnliche Verquickungen finden sich auch in der philosophischen Betrachtung des Geldes von Simmel[4]), und zwar nicht nur dort, wo er über die ersten Anfänge des Geldwesens berichtet, sondern auch bei der späteren Untersuchung moderner Verhältnisse, wo dem Wort Geld Bedeutungen wie Einkommen, Kapital, Preis, Währungseinheit usw. anzumerken sind. Simmel steht als Geschichtsphilosoph auf einem anderen Standpunkt als der Geldtheoretiker! Vom Geldtheoretiker muß aber verlangt werden, daß er sich solcher Unterscheidungen bewußt wird und die Identität der Bedeutung seiner Begriffe wahrt. Ich entnehme daher aus der ethnologischen Forschung nur solche Beispiele, in denen mir der Begriff Geld wirklich anwendbar scheint. Dieser Begriff muß aber erst gefunden sein! Ihm soll also zunächst entgegengegangen werden.

Wenn auf einem Gebiet wie auf dem der Geldtheorie eine solche Begriffsverwirrung ihr Unwesen treibt, scheint es doch für den Fachwissenschaftler angebracht, einmal hinzuhorchen, was der Sprachforscher zu dem strittigen Wort zu sagen hat. Dessen Aufgabe ist es ja, der lebendigen Sprache die Wortbedeutungen abzulauschen. Weigand[5]) führt zunächst als heute geltende Hauptbedeutung des Wortes Geld den »als allgemeines Zahlungsmittel anerkannten Gegenstand« an; doch lauten die Bedeutungen der geschichtlichen älteren Wörter für

---

gültige Urteile setzen überall die logische Bearbeitung des Anschaulichen, d. h. die Verwendung von Begriffen voraus, und es ist zwar möglich und oft ästhetisch reizvoll, diese in petto zu behalten, aber es gefährdet stets die Sicherheit der Orientierung des Lesers, oft die des Schriftstellers selbst, über Inhalt und Tragweite seiner Urteile.« (Gesammelte Aufsätze, Seite 209).

3) a. a. O. Seite 23.

4) Knapp sagt von Simmels »Philosophie des Geldes«: »Dies geistvolle Werk behandelt aber nicht eigentlich das Geld als solches, sondern die soziologische Seite der Geldwirtschaft . . .« (Vorwort z. 1. Auflage der Staatlichen Theorie des Geldes).

5) Weigand, Deutsches Wörterbuch, 5. Aufl. 1909/10.

Geld auf: Zahlung, Ersatz, Einkommen, Rente, Schuldforderung; geprägtes Geld und dessen Ersatz in Papier; Vergeltung, Opfer; Erstattung, Steuer, Bezahlung, Zins. Sind diese Begriffe für Geld schon mannigfaltig — diejenigen, die die geldwissenschaftliche Literatur erkennen läßt, sind — wie schon bemerkt — noch weitaus vieldeutiger; da kommen an Bedeutungen noch hinzu: Tauschmittel, Währungseinheit, Preis, Währungsstoff, Wertmesser, Vermögen, Kapital usw. — diese alle segeln hin und wieder unter dem Namen »Geld«, und schwer ist es manchmal, sie überhaupt zu erkennen und sich ihrer wahren Bedeutung bewußt zu werden!

Es gibt nur eine Möglichkeit, aus dem Wirrwarr herauszukommen, das ist die Zerlegung des Begriffes Geld in eine Menge von Einzelbegriffen, die zum Teil oben schon genannt sind, und für das Wort Geld einen einzigen übrig zu behalten.

Da es erfahrungsgemäß bei der Entstehung der Einrichtung Geld[6]) nur Geld gab, das die Merkmale eines Gutes in sich vereinigte, müßten wir heute auf das Wort Geld verzichten, da die heutigen Sachen, die Geld sind, diesen Gutscharakter nicht mehr haben, also dem früheren Begriff nicht mehr entsprechen. Wir wollen aber nicht auf das Wort Geld verzichten — aus gutem Grunde nicht: die kauftechnische Einrichtung an sich besteht ja noch! — wir wollen lieber seinen Begriff den Dingen anpassen, die als Geld fungieren, wenn wir auch zu diesem Zweck genötigt sind, ihm einige seiner früheren Merkmale zu rauben und diese nur als zufällige Eigenschaften in ihrer historischen Bedingtheit anzuerkennen.

Der mir vorschwebende Geldbegriff ließe sich etwa wie folgt bestimmen:

Geld ist die Art Zahlungsmittel, deren Gebrauch in einem bestimmten Wirtschaftsbereich zu einer gebenen Zeit der allgemeinste und häufigste ist.

Aber was ist »Zahlungsmittel«?

Zahlungsmittel ist jeder auf die Preiseinheit — oder auf eine mit dieser in zahlenmäßiger Verbindung stehende andere Einheit — lautende Gegenstand, dessen Übertragung eine in der Preiseinheit ausgedrückte Verbindlichkeit erfüllt.

Und was hat man unter »Wirtschaftsbereich« zu verstehen? Das ist etwas ausführlicher zu erläutern. Ursprünglich ist Wirt-

---

[6]) — sei diese Entstehung bedingt durch gewohnheitsgemäße einseitige Leistungen: beim religiösen Opfer oder bei Kontributionen an den Gewalthaber — oder sei der Geldgebrauch aus zweiseitigen Rechtsgeschäften hervorgegangen, wie beim stummen Handel, aus Geschenk und Gegengeschenk oder im marktmäßigen Tauschverkehr.

schaftsbereich das räumlich begrenzte Gebiet, in dem eine Wirtschaftsgesellschaft besteht. Eine Wirtschaftsgesellschaft ist eine Vereinigung von Menschen zur Erfüllung von wirtschaftlichen Zwecken[7]). Heute wäre demnach »Wirtschaftsbereich« der durchaus größte bevölkerte Teil unseres Planeten, denn die Arbeitsteilung hat die ganze Welt zu einer einzigen Interessengemeinschaft zusammengeschweißt. — In der gegebenen Gelddefinition erhält der Begriff Wirtschaftsbereich aber dadurch eine Einschränkung, daß in ihm die Geltung eines Zahlungsmittels vorausgesetzt ist, und in dem Begriff des Zahlungsmittels die »Preiseinheit« als Merkmal enthalten ist. Die Preiseinheit ist aber von Land zu Land verschieden (abgesehen von »Münzbünden«, wo Synchartismus[8]) herrscht), und damit fällt der Begriff des Wirtschaftsbereichs heute im modernen Staatswesen mit einheitlicher Geldverwaltung mit dem des »Staatsgebietes« zusammen. Das wäre die konkrete Bedeutung dieses Wortes.

Man kann dem Begriff »Wirtschaftsbereich« aber auch noch einen allgemeineren Inhalt geben, ihn von der Raumvorstellung lösen und auf die Menschen übertragen, die zu ihm gehören; das führt zu dem in der Geldliteratur schon eingeführten Begriff der »Zahlgemeinschaft« (Knapp). Unterscheidet man dann — mit Knapp — öffentliche und private Zahlgemeinschaften, so kann man unter letzteren auch z. B. die Giroverbände verstehen, — und das Wort Giralgeld beansprucht ja in der Tat schon Bürgerrecht in der Geldtheorie. Es fragt sich aber, ob es auf legitime Weise hineingekommen ist! Es kann sein, daß es aus der Bank- und Börsenpraxis stammt, wo das Wort »Geld« auch andere Bedeutungen hat (kurzfristiges Leihkapital usw.). Knapp selber jedenfalls sagt: »Die Girozahlung ist Zahlung ohne Verwendung von Geld, sie kennt die Verwendung des Geldes nicht mehr«[9]). Dieser Ansicht will ich mich anschließen und zwar deswegen, weil ich andernfalls keine Möglichkeit sehe, z. B. die private Zahlgemeinschaft der Konteninhaber bei den Postscheckämtern (soweit sie den Giroverkehr pflegen) begrifflich aus der Reihe der Geldverwender auszuschließen, was doch offenbar aus sprachlichen Rücksichten durchaus zu rechtfertigen wäre.

Wenn in der Gelddefinition vom »allgemeinen« Gebrauch gesprochen wurde, so ist damit die Vorstellung ver-

---

[7]) »wirtschaftlich« im Sinne Oppenheimers: auf die Beschaffung und Verwaltung von Wertdingen gerichtet.

[8]) Knapp, Staatliche Theorie des Geldes, 3. Aufl. 1921, S. 252 (vgl. Anhang!).

[9]) a. a. O. Seite 142.

knüpft, daß die betreffende Art Zahlungsmittel von »jedermann« verwendet wird; Wechsel und Scheck zum Beispiel sind nicht Geld — wenigstens nicht bei uns — wieweit der Scheck in England in den Kleinverkehr eingedrungen ist (nicht bloß in London!), weiß ich nicht; sollte die Zahl der mit ihm geleisteten Zahlungen der Zahl der durch staatlich oder bankmäßig emittiertes Geld geleisteten Zahlungen »Konkurrenz machen«, so wäre er dort zum »Geld« zu rechnen. Damit ist auch schon auf die Bedeutung des Wortes »häufig« in der Definition hingewiesen: meiner Meinung nach wäre nicht die Höhe des Gesamtumsatzes in einer bestimmten Zeit das Entscheidende, sondern die Anzahl der Umsätze, die mit dem einen oder anderen Zahlungsmittel bewerkstelligt werden.

Noch ein Wort über den Wechsel: es wird ihm zwar Zahlungsmittelfunktion zugesprochen — und das mit Recht, weil er in weitaus den meisten Fällen wirklich Dienste als Zahlungsmittel tut; aber vom »Geld« unterscheidet er sich doch ganz wesentlich: während durch eine Geldzahlung die Schuld in entsprechender Höhe endgültig getilgt ist, bleibt bei der Weitergabe des Wechsels noch die Haftung in Höhe des Wechselbetrags (plus verschiedene Spesen) so lange bestehen, bis der Wechsel beim Bezogenen eingelöst worden ist! Wenn diese Haftung auch selten praktisch wird, so ist sie rechtlich doch in jedem Fall vorhanden. Dadurch wird der Wechsel sozusagen zum Zahlungsmittel zweiten Grades, während die Kreditbeschaffung seine Hauptfunktion bleibt. —

Der Etymologe kommt uns mit seiner Worterklärung (oben Seite 33) erfreulicherweise entgegen: Geld als »Gegenstand« in jenem allgemeinen Sinn, der alles einbegreift, läßt begrifflich alle nur möglichen Formen des Geldes zu, wodurch vermieden wird, den Tatsachen Gewalt antun zu müssen.

### B. Geldwirtschaftliche Typen.

Der Betrachtung solcher Geldformen will ich mich nunmehr zuwenden, und zwar unter Beachtung ganz bestimmter, mir für die Charakteristik wesentlich erscheinender Gesichtspunkte. Diese ergeben sich aus einer dreifachen Fragestellung nach den Elementen des zu kennzeichnenden und zu erklärenden Geldsystems, nämlich:

Erstens: Was ist das Preisgut? Das heißt: welches Gut dient als allgemeines Vergleichsgut bei der zahlenmäßigen Bewertung aller anderen Güter?

Zweitens: Wie verhält sich die Preiseinheit zum Preisgut? Das heißt: ist die Preiseinheit der Name des Preisgutes (dann verhält sie sich zu ihm immer wie 1 : 1), oder ist die Preiseinheit nicht der Name des Preisgutes? Und welches Verhältnis ist dann bestimmend für die übrigen Preise?

Drittens: Welchem Gegenstand kommt die Eigenschaft zu, allgemeines Zahlungsmittel in dem betreffenden geldwirtschaftlich organisierten Tauschverkehr zu sein? Das heißt: was ist als Vermittler des Güterwertverkehrs von Person zu Person am allgemeinsten und häufigsten im Gebrauch?

Eine weitere Frage könnte diesen dreien noch übergeordnet werden:

Wer bestimmt das Preisgut, die Einheit und das Zahlungsmittel?

Das hieße aber ein wichtiges soziologisches Problem aufrollen[10]), das keine oberflächliche Beantwortung verträgt. Ich will dem aber nicht nachgehen, da es hier genügt festzustellen, daß es sich bei der Einrichtung des Geldes immer um die Schaffung eines technischen Mittels für den wirtschaftlichen und zugleich und in demselben Maße auch für den rechtlichen Verkehr handelt; der wirtschaftliche Verkehr ist das Tauschen an sich, der rechtliche Verkehr ist die Eigentumsübertragung. (Es läge nahe, in beiden Vorgängen nur einen einzigen zu sehen; das empfiehlt sich aber nicht: der Klarheit wegen ist ein Unterschied zu machen zwischen dem Tauschen, das als wirtschaftliche Tätigkeit auf einer Bewertung beruht, und der Preiszahlung, die aus einer rechtlichen Verpflichtung erfolgt.) Als Zahlungsmittel dient das Geld der Preiszahlung, seine Übertragung tilgt Schuldverhältnisse. Diese rechtliche Seite unterliegt den Anschauungen und Gepflogenheiten der im Tauschhandel befindlichen Gesellschaft. Die Gewohnheiten können ihre Macht als ungeschriebenes, aber anerkanntes und befolgtes Recht ausüben, oder sie können in Gestalt von geformten Rechtssätzen mit oder ohne staatliche Sanktion bindend sein. Das Entscheidende ist, daß eine Bindung vorhanden ist, deren Außerachtlassen dem Interesse der einzelnen zuwiderläuft. »Das Geld ist ein Geschöpf der Rechtsordnung«[11]), aber — wie mir scheint — nicht in der engen Auslegung einer nur »staatlichen« Rechtsordnung, sondern in der umfassenderen Bedeutung als Inbegriff aller Regeln für die rechtlichen Beziehungen zwischen den Menschen[12]). Dieser

---

10) Die Frage nach dem Ursprung des Rechts!

11) Knapp, Staatliche Theorie des Geldes, 1923, Seite 1.

12) Im Hinblick auf die Annahme, das Geld hätte seinen Ursprung im Verkehr der Menschen mit den Göttern, muß doch betont werden, daß dieser »Verkehr« nur als religiöse Handlung gedeutet werden darf, mag er noch soviel Ähnlichkeit mit wirtschaftlichen Handlungen haben (man bedenke, was alles von den Göttern als »Gegenleistung« verlangt

ganz allgemein aufgefaßten Rechtsordnung entstammt somit die Bestimmung des Preisgutes, der Einheit und des Zahlungsmittels, jener drei Elemente, deren Untersuchung der Erklärung eines gegebenen geldwirtschaftlichen Zustandes dient.

Wenn im folgenden die einzelnen geldwirtschaftlichen Typen in eine gewisse Ordnung eingereiht werden, so ist das keinesfalls als empirische Stufenfolge zu deuten. Die Aufeinanderfolge wurde mehr aus verstandesmäßigen Überlegungen so gewählt; leitender Gedanke war allein der: fortschreiten vom Einfachen zu Schwierigeren.

### 1. Vorstufe: Naturaltauschverkehr.

Auszugehen hat die Darstellung zweckmäßigerweise vom Naturaltauschverkehr, der am leichtesten als Vorstadium zum Geldverkehr gedacht werden kann. Beim direkten Tausch läßt sich kein Preisgut ermitteln, da ja die Tauschobjekte gegeneinander gewertet werden, also kein drittes Gut vorhanden ist, das allein der Wertvergleichung der Tauschgüter dient. Ebensowenig besteht natürlich eine Preiseinheit; in jeder Tauschhandlung ist das eine Gut der »Realpreis« des anderen. Drittens bedarf der direkte Tauschverkehr auch keines Mittlers in Gestalt des Zahlungsmittels. — Trotzdem entstehen in diesem Verkehr schon Relationen, die durch gewohnheitsmäßige Wiederholung an Festigkeit zunehmen, der Tausch damit an seinem Wesen als Zufallstausch verliert.

### 2. Sachgeld; Beispiel: Felle, Muscheln usw.

Als die dem Naturaltausch am nächsten verwandte Stufe hat diejenige zu gelten, wo erstens ein Preisgut vorhanden ist, zweitens die Preiseinheit in unmittelbarem Zusammenhang mit dem Preisgut steht, das heißt: wo der Name dieses Preisgutes die Preiseinheit ist, und drittens die einzelnen Stücke der Preisgutgattung die Zahlungsmittel sind. Ein solcher Zustand findet sich beispielsweise bei der Verwendung von Fellen, Muscheln, Ringen, bestimmten Mengen Erz oder Metall usw. als Tauschwerkzeug. Der einzelne sich vollziehende Kauf unterscheidet sich — für sich allein betrachtet — äußerlich durch nichts vom Naturaltausch: Gut wird gegen Gut gegeben. Aber: erstens

---

wird!); sobald der Kontrahent ein Gott ist, handelt es sich um eine religiöse Angelegenheit und um keine wirtschaftliche. (Das schließt nicht aus, daß der religiöse Ritus den Gebrauch des Geldes hat entstehen lassen. Vgl. B. Laum: »Heiliges Geld«, Tüb. 1924.)

liegt eine Preisbildung zugrunde, denn das zu erlangende Gut wird seinem »Werte« nach bestimmt durch die Forderung und Billigung einer der Zahl nach bestimmten Menge des Preisgutes, es handelt sich also um keinen Zufallstausch mehr; zweitens erfolgt die Gegenleistung wohl in einem Gut, das aber die Stellung eines Zahlungsmittels hat, weil es nicht wegen seiner Eigenschaften als brauchbares Gut genommen wird, sondern zu dem Zwecke und mit der Absicht, es bei einer anderen Gelegenheit wiederum gegen ein begehrtes Gut hinzugeben. Nichtsdestoweniger bleibt dem Inhaber eines solchen Zahlungsmittels »die Wahl zwischen realer und zirkulatorischer Befriedigung«[13]) — es träfe also für diese Art des Geldes Knapps Begriff des authylischen Zahlungsmittels zu, wenn dieser nicht ausdrücklich mit »physikalischer Messung«[13]) in Verbindung gebracht wäre, also z. B. Gewichts- oder Längenmessung voraussetzte, während hier auch Gegenstände als Geld angenommen werden, die durch einfaches Zählen der Stücke quantitativ bestimmbar sind. Aus dem gleichen Grunde deckt der Begriff des »amorphisch-pensatorischen Zahlungsmittels« nicht den hier gemeinten Sachverhalt, obwohl die aus ihm folgenden Eigenschaften durchaus auf das hier geschilderte Sachgeld zutreffen: das Preisgut — sei es, was es wolle — hat einen »festen Preis«, was Knapp — ebenso wie uns — der ausdrücklichen Erwähnung wert ist. 1 Pfund Erz kostet eben 1 Pfund Erz, 10 Ringe kosten 10 Ringe usw., woraus der wichtige Satz folgt: »Hylodromie ist schon begrifflich gegeben«[14]). Auch der dem Begriff des amorphisch-pensatorischen Zahlungsmittels entsprechende Wesenszug der Möglichkeit »realer Befriedigung« seines Inhabers ist beim Sachgeld (wie schon vorhin bei der Abgrenzung gegen den Authylismus gesagt) vorhanden[15]). Auf eines ist aber noch vor allen Dingen hinzuweisen: von grundsätzlicher Bedeutung ist, daß Knapp in allen diesen Fällen von »Zahlungsmitteln« spricht, nicht aber von »Geld«, da letzteres für ihn erst bei Chartalität der Stücke gegeben ist[16]), während wir hier — es sei nochmals ausdrücklich gesagt — Geld in dem Augenblick als gegeben ansehen, wenn eine »Preisbildung« erkennbar ist, d. h. wenn die Werturteile alle einen und denselben Beziehungsgegenstand (das Preisgut) haben.

Bildlich ließe sich der Unterschied dieses Systems gegenüber dem Naturaltauschverkehr etwa folgendermaßen darstellen:

---

[13]) Knapp, Staatliche Theorie des Geldes, 1921, Seite 6.
[14]) a. a. O. S. 69.
[15]) a. a. O. S. 37.
[16]) a. a. O. S. 31 u. S. 29.

I. Naturaltausch:

A gegen Z
B gegen Y
C gegen X
D gegen W
usw.

Zufallstausch — keine Preisbildung — Gut gegen Gut nach willkürlicher oder überlieferter Tauschrelation.

II. Sachgeldverkehr:

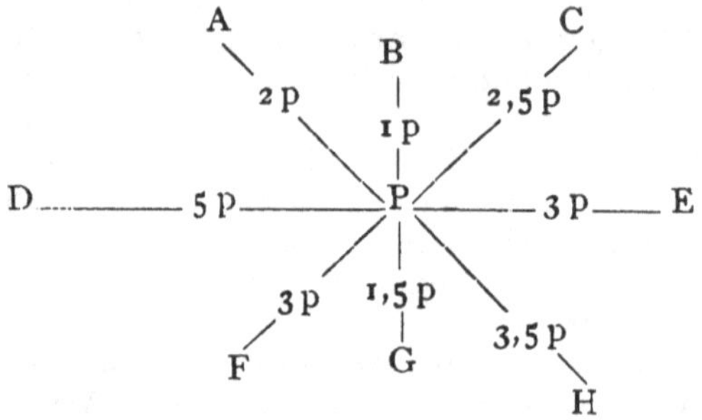


Kauf — Preisbildung — Gut gegen Preisgut P, das zum „Geld" geworden ist: die Preise lauten auf dessen Namen (p).

### 3. Geldrechnungssysteme.

a) Die Preiseinheit ist der Name des Preisgutes (Beispiel: Rinderwährung).

Ein anderes Gepräge zeigt folgende Form des geldwirtschaftlichen Verkehrs: 1. ist ein Preisgut vorhanden, 2. leitet sich die Preiseinheit unmittelbar vom Preisgut her, das heißt, sie ist — wie im vorigen Fall — sein Name, 3. fehlen aber die Zahlungsmittel. Am bekanntesten ist für diesen Fall das Beispiel des sogenannten Rindergeldes, das man sich auf Grund der neueren Forschungen ja nur in den seltensten Fällen als von »Hand zu Hand« gehendes Zahlungsmittel vorzustellen hat. Das Rind bildet vielmehr nur als Preisgut die Grundlage für die Bewertungen — man vergleiche die schon oft gebrachten Beispiele aus Homer![17]) —, und die Käufe vollziehen sich wie im direkten Tauschverkehr durch Hingeben anderer Güter, die ebenfalls einen »Rinderpreis« haben. Daher ist es vielleicht besser, statt von Rindergeld von Rinderwährung zu sprechen. Der Begriff Rinderwährung ist aber nur unter einer Bedingung vollkommen gerechtfertigt: nämlich nur dann, wenn unter den Rindern selbst kein Unterschied gemacht wird, das heißt, daß immer 1 Rind = 1 Rind ist. (Hiermit ist schon angedeutet, daß »Währung« den festen Preis des Preisgutes voraussetzt; darüber kann aber erst im nächsten Abschnitt ausführlicher die Rede sein.)

---

[17]) Vgl. z. B. B. Laum, Heiliges Geld, Tüb. 1924, Seite 59—61.

### b) Die Preiseinheit ist ein willkürlicher Name (Beispiel: Makuten- und Krurechnung).

Ähnlich liegt die Sache in dem historischen Fall, den uns Montesquieu berichtet[18]):

»Les noirs de la côte d'Afrique ont un signe des valeurs sans monnoie; c'est un signe purement idéal, fondé sur le degré d'estime qu'ils mettent dans leur esprit à chaque marchandise, à proportion du besoin qu'ils en ont. Une certaine denrée ou marchandise vaut trois macutes; une autre, six macutes; une autre, dix macutes: c'est connue s'ils disoient simplement trois, six, dix. Le prix se forme par la comparaison qu'ils font de toutes de marchandises entre elles: pour lors, il n'y a point de monnoie particulière, mais chaque portion de marchandise est monnoie de l'autre.«

Obwohl dies ein Beispiel aus weiter zeitlicher und örtlicher Ferne ist, so hat es doch einen guten Sinn, wenn es etwas eingehender betrachtet wird.

Eine Einheit zur einheitlichen Benennung aller Werurteile ist ohne weiteres in der Makute zu erkennen. Montesquieu sagt: »... c'est un signe purement idéal«, und Harl[19]) drückt denselben Gedanken folgendermaßen aus: »Diese Makouten sind weder eine Münze, noch andere wirkliche Dinge, die vorhanden sind, sondern sie sind ein bloß eingebildeter Begriff von einer Größe, wodurch man sich einen Maßstab von allen anderen Waren und Gütern verschafft hat«. Das Merkwürdige ist also, daß sich die Makute auf keinen Gegenstand des Tauschverkehrs als dessen Name bezieht, mithin also (scheinbar) das Preisgut fehlt. Abgesehen davon, daß die Makuten ursprünglich Mattengeld[20]) gewesen sein können, bleibt hier aber noch zu bemerken, daß die Makute als bloßer Name sehr wohl die Preise in eine bestimmte Relation zueinander bringen kann; denn: ist einmal ein Gut mit einem Preis in Makuten versehen, so ist die Grundlage für die Preisbildung der anderen Güter

---

[18]) Montesquieu, De l'Esprit des Lois, Paris M.DCCC.XXVII, Livre XXII Chapitre VIII, S. 385f. (NB.! alte Orthographie.)

[19]) Harl, Enzyklopädie der gesammten Geldswissenschaft, 1806, S. 22.

[20]) Daß die Makuten Mattengeld gewesen seien, behauptet Kant (Metaphysik der Sitten. I. Metaphysische Anfangsgründe der Rechtslehre, 2. Hauptstück, 3. Abschnitt, § 31/I »Was ist Geld?«), jedoch ohne Hinweis auf die Quelle. — Der Übersetzer Montesquieus, A. Ellissen, schreibt in einer Anmerkung zu den Makuten: »Nach Storch (cours d'économie politique, tome VI, p. 42) ist Makute kein bloß idealer Preismesser, sondern ein realer, nämlich eine Bastmatte, die bei den Afrikanern die Stelle des Geldes vertritt, wie bei den alten Virginiern Tabaksblätter ...« (Der Geist der Gesetze von Montesquieu, 3. Aufl. 1851, II. Bd., 8. Teil, S. 12.) Bei Storch habe ich die angegebene Stelle nicht gefunden (Ausgabe Petersburg 1815).

ebenso geschaffen wie in jenen Fällen, wo die Preiseinheit der Name eines als Preisgut und Zahlungsmittel gebräuchlichen Dinges ist. Als Preisgut hat dann diejenige Ware zu gelten, die entweder der ersten Preisfestsetzung diente oder infolge ihres häufigen Gehandeltwerdens ganz von selbst den übrigen Preisbildungen als Richtpunkt dient. Man kann auch so sagen: die Verbindung der nominellen Einheit mit der Welt der Güter ist durch den ersten Preis hergestellt. Der Preisbildung immanent ist eben die Berücksichtigung bestehender Preise. Das darf aber keineswegs so verstanden werden, als ob beim Zustandekommen eines jeden Preises der Preis des Preisgutes unmittelbar maßgebend sei. Sobald einmal mehrere Güter Preise haben, ist immer der Preis desjenigen Gutes der Anhaltspunkt für die neue Preisbildung, das im Interessenkreis des Wirtschafters dem neu zu beurteilenden Gut am nächsten steht. Dabei ist häufig das eigne »Einkommen« (das in dieser Makutenrechnung natürlich nur Gutsform hat, aber — soweit es vom Markt gewährt wird[21]) — »preismäßig« bestimmt ist) die alleinige Vergleichsgröße ist. Je mehr Güter aber miteinander in Wettbewerb treten bei einem neuen Werturteil, um so genauer muß dieses ausfallen, das heißt: um so mehr nähert sich der Preis von dieser Seite her dem, was man »Objektivität« nennen könnte. Gerade dieser Vorgang ist am reinsten sichtbar in dem in Rede stehenden Beispiel, das sich dadurch auszeichnet, daß keine Zahlungsmittel vorhanden sind, also niemand auf den Gedanken kommen kann, daß es die Zahlungsmittel seien, die bei dem Zustandekommen eines Preises irgendwelche Rolle spielten[22]). — Je mehr Werturteile schon vorhanden sind, um so mehr tritt das ursprüngliche Preisgut mit seinem Preis in den Hintergrund, — es sei denn, daß es selbst eines der begehrtesten Güter bleibt. Beim ersten Preis, der ohne Rücksicht auf den Preis dieses Preisgutes entsteht, wird die Beziehung zum Preisgut indirekt. Sie ist aber trotzdem immer noch vorhanden, selbst wenn das Preisgut nicht mehr auf dem Markt wäre; denn: solange andere Preise vorhanden sind, die einmal auf den Preis des Preisgutes eingestellt wurden, ist dieser eben mittelbar von preisbildender Bedeutung. Dies zu betonen ist wichtig; bei Behandlung der Währung wird darauf zurückzukommen sein.

Wenn Harl von einem »eingebildeten Begriff von einer Größe« spricht, so ist das nicht ganz gerechtfertigt, vielleicht sogar irreführend. Es handelt sich bei der »Makute« an sich ja noch nicht um eine »Größe«, sie wird erst durch die Verbindung mit einer Zahl zu einer solchen (s. oben Abschn. II). Wenn man sagt, in Angola (Harl a. a. O.) rechnete man nach

---

[21]) Nur solches sei als »Einkommen« verstanden.

[22]) Hier hätte eine Widerlegung der Quantitätstheorie einzusetzen!

Makuten, so kann sich mit diesem Wort durchaus keine Größenvorstellung verbinden. Anders heute, wo die Makute mit der portugiesischen Währungseinheit und diese mit dem Gold in Verbindung ist.

Es soll zugegeben werden, daß es nicht leicht ist, eine Art Geldwirtschaft da anzuerkennen, wo gar kein Geld in Gebrauch ist. Doch bedeutet etwa die Preisbildung als Vereinheitlichungsvorgang für die sonst nicht vergleichbaren Wertschätzungen nicht schon ungeheuer viel im Hinblick auf die Erfüllung des Geldzwecks im Sinne der zu Anfang aufgestellten »Geldidee«? Wenn die Wirtschaftenden mit dieser Verrechenbarkeit ihrer Güter das Auslangen finden und daneben keines Zahlungsmittels für den Verkehr von Hand zu Hand bedürfen — warum sollte man einen solchen Zustand nicht als »geldwirtschaftlichen« bezeichnen? Mit Recht weist daher Montesquieu [23]) mit folgenden Worten auf diese Makutenrechnung hin: »Monnoie.. Les Africains en ont une sans en avoir aucune«; dieses Paradoxon kann einen erfreuen — wenn man es richtig versteht!

Ein zweites instruktives Beispiel sei zur Ergänzung noch angeführt wegen seiner Bedeutung für die im nächsten Abschnitt zu behandelnde Währungsfrage. H. Schurtz berichtet [24]):

»Unter solchen Verhältnissen entstehen dann jene rein imaginären Wertmesser, die in West-Afrika besonders charakteristisch entwickelt sind, aber auch sonst vorkommen. Gewöhnlich wird ein bestimmtes Quantum der am meisten gehandelten Ware als Einheit gesetzt, mit einem willkürlich gewählten Namen genannt und nunmehr als Maßstab aller Werte angewendet. Am bekanntesten ist das Kru, das in Kamerun als Wertmesser dient, ursprünglich einer bestimmten Menge Palmöl entspricht und neuerdings 20 Mark deutscher Reichswährung gleichgesetzt ist.«

Mit besonderer Deutlichkeit bringt es gerade dieser Bericht zum Ausdruck, worum es sich handelt: die »willkürlich« gewählte Preiseinheit genügt auf der nominellen Seite des Geldwesens vollkommen zur Preisbildung. Während nach den verschiedenen Aussagen über die Makutenrechnung angenommen werden kann, daß ursprünglich wirklich Matten als Vergleichsgut fungierten und womöglich den Namen »Makute« hatten, so tritt hier bei der Krurechnung das absolut Nominelle klar zutage. Freilich — und das ist der Grund, weswegen ich dies zweite Beispiel noch anführte — dem Begriff »die am meisten

---

23) Esprit des Lois (Oeuvres de Montesquieu, tome V, Table de Matières, S. 423 »Monnoie«).

24) H. Schurtz, Grundriß einer Entstehungsgeschichte des Geldes, Weimar 1898, Seite 84 (nach »Ausland«, 1889, S. 116).

gehandelte Ware« liegt eine wichtige Tatsache zugrunde, die nicht außer acht gelassen werden darf; hier handelt es sich um die praktische Seite der Geldeinrichtung: man will einen für längere Zeit verhältnismäßig festen sachlichen (= materiellen) Ausgangspunkt für alle Preisbildungen. Die am meisten gehandelte Ware hat — um mit Soda zu reden — die größte »Bewertungsgesellschaft«[25]). Es ist in der Wirtschaft praktisch, »... ein Sachgut ..., welches — wegen der häufigen Wiederholung — am vertrautesten für die Schätzung des Wertes anderer Güter«[26]) ist, den Preisbildungen der anderen Güter zugrunde zu legen. Eine solche Ware bietet dadurch, daß sie so häufig Gegenstand des Handelns ist, eine gewisse Gewähr für Stetigkeit der Bewertungsfaktoren in sich; ihr Angebot und die Nachfrage nach ihr werden sich gleichmäßiger entwickeln als bei Waren, die nur gelegentlichen Bewertungen unterliegen. Ausführlicher kann darüber aber erst nach der Begriffsbestimmung der Währung gesprochen werden.

Für die beiden eben geschilderten Fälle bleibt festzuhalten, daß es eine Täuschung wäre, wollte man annehmen, diese Systeme mit »imaginären Werteinheiten« hätten kein Preisgut! Ein solches wird immer vorhanden sein, wo Preise entstehen, da diese ja ohne Vergleichsgut überhaupt nicht zustande kämen. Läßt sich keine Preisbildung feststellen, dann liegt eben der direkte Tausch vor. Ebensowenig scheint es angebracht, eine »Geldwirtschaft« nur da anzunehmen, wo ein sichtbares, körperliches Geld die Tauschhandlungen vermittelt; wenn in einem derartigen Rechensystem ein solches Zahlungsmittel fehlt, so ist wegen der indirekt gewordenen Werturteile die »Geldidee« soweit durchgeführt, als es dieser Verkehr bedarf, mag man ihn im Vergleich zu anderen auch als geldwirtschaftlich »unvollkommen« nennen.

### 4. Notales Geld, quantitativ an das Preisgut gebunden (Beispiel: Russisches Ledergeld).

Als eine Art Weiterentwicklung in der Richtung der Zweckmäßigkeit muß das Zusammentreffen folgender Umstände angesehen werden: Das Preisgut, dessen Name die Preiseinheit ist, ist ursprünglich auch Zahlungsmittel (wie

---

[25]) Soda, Geld und Wert, 1909, Seite 100, führt den Begriff folgendermaßen ein: »Infolgedessen erkennen wir die Terminologie 'sozialer Wert', der neben dem individuellen ein selbständiges Subjekt der Wertschätzung hat, nicht an. Einen solchen Wert gibt es überhaupt nicht. Wir können nur daran denken, daß mehrere Individuen als Subjekte der individuellen Wertschätzung begrifflich eine Gesellschaft aus sich gestalten. Wir wollen eine derartige Gesellschaft 'Bewertungsgesellschaft' nennen.«

[26]) Knies, Das Geld, II. Aufl. 1885, Seite 11.

in Fall 2, Sachgeld, oben S. 38f.); irgendein wirtschaftliches oder politisches Ereignis hat dann später zur Folge, daß das Preisgut-Zahlungsmittel durch einen anderen Gegenstand ersetzt wird. Ein solcher Übergang ist auch als ein allmählich vor sich gehender denkbar: das Zahlungsmittel, das eine Zeitlang identisch war mit den einzelnen Stücken der Preisgutgattung, wird wegen seiner Schwerfälligkeit oder aus einem sonstigen rein praktischen Grund (Mangel) durch andere (gegenüber dem Preisgut meist geringerwertige) Dinge ersetzt. Die Wirtschaft streift ab, was verkehrswidrig ist. Eigenschaften, die auf der ersten Entwicklungsstufe des Geldverkehrs notwendig erscheinen, gehen mit der Zeit verloren, teils wegen der Zunahme der wirtschaftlichen Verflechtungen — und der damit verbundenen Hindernisse einerseits, sowie auch wegen des durch Gewöhnung und stärkeres Aufeinanderangewiesensein abnehmenden Mißtrauens andrerseits —, teils durch obrigkeitliche Anordnung, teils auch durch Einbürgerung neuer Formen der Zahlungsmittel, die fortschrittliche Geister »erfanden«. Man kann diese neuen Geldformen mit »Zeichengeld« benennen, wie dies auch häufig geschieht. Tut man das jedoch, dann unterscheidet man bewußt Zeichengeld vom anderen Geld; solange jedoch beide »Geld«, d. h. Zahlungsmittel sind und nicht etwa der Verwendung als Geld entzogen werden, besteht zwischen beiden kein Wesensunterschied. H. Schurtz schreibt von diesem »Zeichengeld«[27]):

»Ein sehr schönes Beispiel bietet die Geschichte Rußlands: an Stelle des unbehilflichen Fellgeldes, das im Reich umlief, gaben die Zaren der älteren Zeit kleine abgestempelte Stücke der Kopfhäute jener Tiere aus, deren Felle nunmehr am Zarenhofe aufgehäuft wurden und nur noch im Außenhandel Verwendung fanden; der Versuch bewährte sich vollkommen, da das Zutrauen zum Herrscher unbegrenzt war, die Wertgegenstände, die das Zeichengeld vertrat, in Wirklichkeit vorhanden waren, und der Handel mit dem Auslande, das sich natürlich nicht mit Lederstückchen abspeisen ließ, keine große Bedeutung für das Volksleben hatte.«

Dieser Bericht ist sehr knapp. Obwohl daher zugegeben werden muß, daß deswegen seine Verwendung in dieser Arbeit mit einem Mangel verbunden ist, so ist doch diese geldgeschichtliche Tatsache außerordentlich lehrreich, was ihre Verwendung als Beispiel genügend rechtfertigt. Der Bericht läßt die Anknüpfung mancherlei Überlegungen und Betrachtungen zu, ohne daß man dabei die zugrunde liegende Tatsache gewaltsam zu deuten brauchte.

---

[27]) Schurtz, Grundriß einer Entstehungsgeschichte des Geldes, 1898, Seite 32.

Zur Beurteilung dieses Vorganges nach den hier gewählten Richtlinien wäre es z. B. notwendig zu wissen, ob die Preise weiterhin auf »Felle« lauteten, oder ob die Einführung der kleinen Lederstückchen als Geld auch einen neuen Namen für die Preiseinheit mit sich brachte. Beides wäre denkbar; annehmen möchte ich das erstere: die Beibehaltung der gewohnten Einheit, und zwar aus folgendem Grunde:

Kulischer berichtet[28]), daß die »Geldeinheit« zu Beginn der Verkehrswirtschaft in dem Teilfürstentum Rußland die »Griwna Kun« war, »die einer gewissen Anzahl von Eichhörnchenfellen« entsprach. Er fährt an der angegebenen Stelle fort: »... daneben zirkulierten auch Teile von Fellen (Resana = abgeschnitten), Schnauzfelle (Mordki), Pfotenfelle (Lapki) usw.« Die »Geldeinheit« oder in der hier verwendeten Terminologie: die Preiseinheit Griwna (zugleich Gewichtseinheit, später nur noch Gewichtseinheit) ist deutlich genug unterschieden von den Namen der Geldstücke: den Kunen, Resana usw. Es ist also anzunehmen, daß man die Preise nach Griwna berechnete, gleichgültig, womit sie bezahlt wurden[29]). Es kommt hier jedoch nicht so sehr auf die geschichtliche Wahrheit an, als vielmehr auf das Grundsätzliche, und dafür ist es ohne Belang, ob sich Namen ändern, denn die Proportionen der bestehenden Preise werden dadurch nicht berührt. Das ist das Entscheidende.

Die Möglichkeit der »Loslösung« des Geldes von seinem ursprünglichen Stoff, die Trennung also von Preisgut und Zahlungsmittel, kann wohl kaum allein durch logische Erwägungen erklärt werden. In diesem Vorgang liegt zweifellos eine uns in Erstaunen setzende geschichtliche Tat, die sich auch keineswegs immer ohne Widerstand durchzusetzen vermochte. Wie schon erwähnt, wird u. a. auch der Mangel an Zahlungsmitteln bei zunehmenden Umsätzen oder Mangel an genügender Stückelung des vorhandenen Geldes häufig genug diese Entwicklung gefördert haben, nämlich die Entwicklung zu unseren heutigen Geldformen. Ein weiterer treibender Keil, der die Trennung des »Zahlungsmittels« von seinem ursprünglichen Charakter des Tauschmittels als »Tauschgut« bewirkte, ist sicherlich auch das

---

[28]) Kulischer, Russische Wirtschaftsgeschichte, 1. Bd. Seite 116. (Jena 1925.)

[29]) Die eingehende Behandlung dieser Einzelheiten würde zu einer Komplikation führen, die imstande wäre, das Wesentliche zu verdunkeln, indem es aus umständlichen geschichtlichen Tatsachen herausgeschält werden müßte. Wenn hier »Geschichte« getrieben würde, wäre eine Auseinandersetzung mit den historischen Quellen unerläßlich; für den hier verfolgten Zweck genügt jedoch die kritiklose Hinnahme des von Schurtz erwähnten Tatsachenbestandes, was methodisch etwa einer heuristischen Methode gleichzuachten wäre.

Bedürfnis der Herrscher, das den Wunsch nach einer Steigerung der Einnahmen hervorrief und praktisch oft zur sogenannten »Münzverschlechterung« führte, von der man behaupten kann, daß sie einer Besteuerung der Untertanen gleichkam — mit allen deren Wirkungen auf die Preise (Überwälzung usw.). Knapp sagt: »Auch die Könige waren Metallisten beim Nehmen, Chartalisten beim Geben des Geldes«[30]).

An dieser Stelle im Entwicklungsgang des Geldes gabelt sich für die Geldlehren der Weg der Erklärung des Geldes überhaupt. Die einen bleiben dabei, im Geld den den Waren gegenüberstehenden »wertvollen« (werthabenden) Gegenstand zu sehen und bei offenbarem Abweichen der Wirklichkeit von dieser Lehre Forderungen zu stellen und an dem gegebenen Zustand verneinende Kritik zu üben. Die anderen erkennen eine äußere Wesenswandlung des Geldes und fassen diese Einrichtung dann vom entgegengesetzten — gleichsam ideellen — Standpunkt aus auf: das Geld braucht nicht selbst »Wert« zu besitzen oder, was dasselbe ist: es ist nicht notwending, daß die einzelnen Exemplare des Preisgutes den Gelddienst tun, es genügt dazu irgendein dem Verkehrserfordernis angepaßter Gegenstand vollständig. Dieser erhält Geltung (dies Wort ist wesentlich!) durch staatliche Proklamation oder sonstige gesellschaftliche — ausdrückliche oder stillschweigende — Übereinkunft. —

Wenn auch hier noch keine Auseinandersetzung mit diesen beiden Ansichten erfolgen soll, so ist hier doch ein Punkt, der Klarheit über den den weiteren Ausführungen zugrunde liegenden Grundgedanken erheischt. Er läßt sich etwa wie folgt darstellen:

Das Preisgut bildet in einer bestimmten Quantität das Vergleichsobjekt, nach dem sich die Werturteile über alle anderen Marktgüter richten. Es ist selbstverständlich, daß nur ein selbst der Wertschätzung unterliegender Gegenstand als Vergleichsgut dienen kann. Selbst in den vorhin behandelten Fällen der Makuten- und Krurechnung, die auf »eingebildete Größenbegriffe« zurückgehen sollen, mußte festgestellt werden, daß den Bewertungen irgendwelche »Greifbarkeiten« zum Anhaltspunkt dienten, daß — wie man sich schon ausgedrückt hat — »sich die Güter untereinander messen«; das heißt: daß sich Preisproportionen unter ihnen bilden. Das Preisgut ist somit das, was die einen als »Wertmaßstab« bezeichnen, mit dem die Werte der anderen Güter »gemessen« werden. Damit ist die Notwendigkeit gekennzeichnet, daß zur Preisbildung ein Gut vorhanden sein muß, dem »Wert« zuerkannt wird. Dies ist die eine Seite

---

[30]) Knapp, Staatliche Theorie des Geldes, 1921, Seite 66.

der markttechnischen Einrichtung des Geldes: die vereinbarte Quantität des Preisgutes ist der »den übrigen Waren gegenüberstehende Gegenstand«. — Die andere Seite liegt im Wesen der nominellen Einheit, das heißt: in dem einheitlichen Namen, auf den alle Preise lauten. Dieser Name kann sein: entweder der einer Sache, die als Preisgut dient (etwa »Fell«), oder ein »willkürlicher« Name, wie Schurtz in dem angeführten Beispiel für das »Kru« sagt. Der Name einer Sache ist etwas anderes als die Sache selbst; das ist wesentlich für das Erkennen des »Wesens« des Geldes. Ich möchte es so ausdrücken (wenn es erlaubt wäre zu sagen): der Name, die Preiseinheit, führt neben dem Preisgut ein selbständiges Dasein[31]); er kann dem Preisgut entsprechen, braucht es aber nicht. Daher ist es für alle Preise mit einer bestimmten Einheit gleichgültig, wie der Name dieser Einheit entstanden ist, mit anderen Worten: welche Entwicklungsreihe die Preiseinheit eines bestimmten Gebietes hinter sich hat (»rekurrente Anschlüsse« nach Knapp). (Eine solche »Entwicklungsgeschichte« nimmt da ihren Anfang, wo zwischen der Entstehung einer Forderung und deren Tilgung erstens Zeitunterschiede bestehen und zweitens eine Änderung der Preiseinheit vorgenommen wird.) Nicht gleichgültig ist aber der allererste Preis, der sich in dieser Wirtschaftsgesellschaft bildet, denn durch ihn wird die Grundlage, der Richtpunkt, für alle übrigen Preise geschaffen, indem in ihm die Preiseinheit »fixiert« wird: sie tritt in Gemeinschaft mit einer Zahl auf, ist der Preis eines bestimmten Gutes und wird dadurch zu einem Größenbegriff. Durch diese Zahl wird die nominelle Einheit mit dem betreffenden Quantum des Preisgutes verbunden, indem sie aussagt, wieviel das Preisgut in Preiseinheiten kostet. (Da die Beurteilung der Werte einen psychologischen Sachverhalt zum Gegenstand hat, ist es zweifelhaft, ob man die Preisbildung mit dem Meßvorgang[32]) auf physikalischem Gebiet vergleichen kann. Ich möchte diese Möglichkeit verneinen; trotzdem bin ich mir bewußt, daß eine solche Analogie Lehrwert hat, indem sie den Wert wie eine physische Eigenschaft behandelt und so den komplizierten Vorgang veranschaulicht. Aber das tatsächliche Ereignis bei der Preisbildung wird dadurch entstellt, — eben weil es sich um

---

[31]) Vgl. Cassel, Theoret. Sozialökonomie, 3. Aufl. 1923, Seite 339: »Die Preisrechnung ist also von Anfang an eine Rechnung in einer abstrakten Einheit, die immer eine vom Standardgute gewissermaßen losgelöste, selbständige Existenz hat.«

[32]) Vgl. Helfferich, Das Geld, 1923, S. 299: ». . . die Wertgleichheit zwischen beiden Objekten ist der Ausfluß eines subjektiven Bewertungsvorganges; sie ist von dem wertenden Subjekt nicht ermittelt, sondern geschaffen, es liegt also nicht eine Wertmessung, sondern eine Wertsetzung vor.«

eine psychische Angelegenheit handelt und um keine physische! Dies war anzuführen, um den zweifelhaften Charakter der Worte Wertmaßstab, Wertmesser, Wertmaßeinheit usw. zu zeigen.)

Sobald man Preisgut und Preiseinheit scharf auseinanderhält, leuchtet es auch ein, daß es absolut gleichgültig ist, welche Gegenstände »Träger« dieses Namens, der »Preiseinheit«, sind: ob die einzelnen Stücke der Preisgutgattung selber oder irgendwelche sonstigen anerkannten Dinge den Gelddienst tun. Die Ausgestaltung des Geldes in seiner stofflichen Beschaffenheit, der Vielfältigkeit seiner Stückelung usw. ist Sache der Praxis und unterliegt der technischen Vernunft im Hinblick auf die zu erreichende Vollkommenheit in der Zweckerfüllung: nämlich ein bequemes, handliches, dem Verlangen des Verkehrs entsprechendes Zahlungsmittel zu sein. Diese durchaus verkehrstechnische Aufgabe des Geldes hat mit dem Preisgut und der Preiseinheit absolut nichts zu tun, sie besteht neben der wirtschaftlichen Aufgabe der Preisbildung. Das sichtbare Geld ist nur das technische Mittel, den Gütern über den Weg der Preise zum gegenseitigen Austausch zu verhelfen.

Um die hier gewonnene Erkenntnis in eine vorläufige Form zu kleiden, sei zusammenfassend folgendes gesagt:

Das Ganze der geldwirtschaftlichen Errungenschaft besteht aus der Preisbildung nebst der zur Zahlung dieser Preise notwendigen Einrichtung des Geldes. In der Preisbildung ist die »Vereinigung« eines reellen mit einem nominellen Element zu sehen: die Vereinigung eines Gegenstandes (Preisgut) mit der Preiseinheit in Form einer zahlenmäßigen Verbindung, die wir »Preis« nennen. Darin liegt die schon bei Betrachtung des Preises als notwendig erkannte »Verankerung« des nominellen Bestandteiles mit der Welt der Güter. Die Art der Verkörperung der zu zahlenden Einheiten ist abhängig von der Gestalt und den Anforderungen des Verkehrs; sie kann auch ganz unterbleiben. —

Damit will ich zum Ausgangspunkt dieser Einschaltung zurückkehren.

An Hand des russischen Beispiels, wo statt des »unbehilflichen Fellgeldes« »kleine abgestempelte Stücke der Kopfhäute jener Tiere« als Geld in Umlauf gesetzt wurden, war die Rede von der Trennung des Zahlungsmittels von dem Preisgut, dessen einzelnen Stücken vorher auch Zahlungsmitteleigenschaft zukam. Die Geldfunktion wurde durch diese obrigkeitliche Maßnahme nicht gestört, es liefen eben nur handlichere »Stellvertreter«[33]) des »Tauschgut-Geldes« um. Die zahlenmäßigen

[33]) »Stellvertreter« — auch dieses Wort gehört zu den mit Vorsicht aufzunehmenden! Hier mag es verwendet werden, da bei dem ungeheuren

Beziehungen der Preise untereinander blieben dabei doch bestehen — und darauf kommt es den Wirtschaftenden an. Das Antlitz der Wirtschaft, das sich im Preissystem zeigt, veränderte sich nicht. Die Preisproportionen wurden aufrechterhalten zunächst jedenfalls durch die Vorstellung des bisherigen Zustandes mit der Verwendung des Fellgeldes und nach der Einbürgerung des neuen Zahlungsmittels durch die Gewohnheit.

Diese Verfügung des Zaren kam dem Wesen des Geldes noch in anderer Hinsicht näher; denn: »Das allgemeine Handelsmittel durfte aber nicht konsumibel oder überhaupt nicht unmittelbar brauchbar sein, damit es nicht statt Mittel zu sein, Zweck würde... Denn was man in der Absicht eintauscht, um es selbst zu verbrauchen, entfernt den Gedanken, es in einem zweiten Handel oder Tausch wieder zu gebrauchen; dann bliebe es bei einem bloßen Tauschhandel«[34]). Solange das Geld »wertvoll« ist, das heißt: solange den als Geld dienenden Gegenständen ein Gebrauchs- oder sonstiger Wert[35]) beigelegt wird, solange besteht die Gefahr, daß sie aus dem Verkehr verschwinden und so ihren anbefohlenen Dienst nicht mehr verrichten, was dann wieder zu den Schwierigkeiten führen könnte, aus denen man durch die Einführung des Geldes entronnen war. (NB. die Gefahr eines solchen »Rückfalles« ist nicht allzugroß, weil die Not, der Zwang, schon für Ersatz der abwandernden Zahlungsmittel sorgen würde, woraus das Wesen des Geldes erst recht scharf und deutlich ersichtlich ist!) Diese gestempelten Lederstückchen sind chartale Zahlungsmittel, ganz im Sinne Knapps[36]), die der Staat oder sein Oberhaupt geschaffen hat.

Aber noch auf ein Zweites ist hier aufmerksam zu machen: das Beispiel weist schon mit aller Deutlichkeit auf den zweifachen Charakter des Geldes im inländischen und im ausländischen Verkehr hin. Im Inland ist Gehalt und Form des Geldes gleichgültig; im Handel mit dem Ausland dagegen ist es wesentlich, daß das Geld Gutscharakter hat. Im Verkehr mit dem Ausland gibt es nur eine »reale« Befriedigung; Schurtz sagt: das Ausland ließ sich »natürlich nicht mit abgestempelten

---

Entwicklungsschritt vom Sachgeld zum sog. »Zeichengeld« seine Vorstellung dem Übergang einen wesentlichen psychologischen Stützpunkt verliehen hat.

[34]) Harl, Enzyklopädie der gesammten Geldswissenschaft, 1806, S. 39.

[35]) Mit Ausnahme von seinem »Wert« als Vermittler im Tauschverkehr; dieser »Funktionswert«, wie man ihn genannt hat, ist kein Wert in diesem Sinne; die Verwendung des Wortes Wert in diesem Zusammenhang ist daher nicht ungefährlich!

[36]) — obwohl nicht mit Sicherheit angenommen werden kann, daß Knapp auch solches Ledergeld in seinen Begriff einschließt.

Lederstückchen abspeisen«. Von einer »zirkulatorischen« Befriedigung läßt sich deswegen nicht sprechen, weil das andere Land nicht zur Zahlgemeinschaft gehört, und »Gesetze und Verordnungen ihre Kraft nur innerhalb des Staates ausüben«[37]) — es sei denn, daß Synchartismus besteht. Um weiter Knapp sprechen zu lassen: »Unser Geld, ins Ausland gebracht, gilt dort nicht, aber es hat als Ware einen Wert«[38]). (Der Ton liegt auf dem Wort »gilt« zum Unterschied vom Werthaben.) Das heißt: das eigene Geld eines Landes unterliegt im Ausland der Preisbildung, was im Inland nicht der Fall ist. In dieser Preisbildung gibt sich die Unabhängigkeit des einen Staates von anderen hinsichtlich des Geldes zu erkennen; in der Höhe der jeweiligen Preise für das fremde Geld offenbart sich — wie bei jedem anderen Gut — dessen augenblickliche Wertschätzung; diese hängt wesentlich ab vom ausländischen Preisstand, verglichen mit dem inländischen, und — je nach dem Grad der Kompliziertheit der beiden Wirtschaften und ihrer Beziehungen zueinander — von mehr oder weniger anderen Bestimmungsgründen.

Ein gedachtes Beispiel möge die Sache vor Augen führen; der verschiedene Charakter von Binnengeld und Außengeld[39]) zeigt sich auf folgende Weise: Wenn ein russischer Kaufmann chinesischen Tee beziehen wollte, so mußte er sich je nach dem Wunsche seines chinesischen Lieferanten entweder Felle verschaffen oder chinesisches Geld. Im ersten Falle nimmt der Chinese das »Fellgeld« der Felle wegen, die er entweder selber als Gebrauchsgut oder für weitere Täusche zu verwenden gedenkt. Im zweiten Fall erhält ein Geldwechsler die Felle und der chinesische Verkäufer sein Landesgeld, oder der russische Käufer erhält zu einem bestimmten Preis für das russische Binnengeld (die kleinen Lederstückchen) chinesische Zahlungsmittel — etwa Silber —, die er seinem Kontrahenten schickt. Immer liegt ein Preis des ausländischen Geldes zugrunde. (Daß die Felle am Zarenhofe angehäuft wurden, um dem Außenhandel zu dienen, hatte darin seinen Grund, daß die russischen Fürsten die Haupthandeltreibenden waren.)

Öffnet sich nicht von hier aus der Durchblick gerade auf unser heutiges Geldsystem mit Papiergeld und Goldbarren? Darüber soll und kann aber erst im nächsten Abschnitt gesprochen werden; aber angedeutet mußte es hier werden.

Bemerkenswert ist noch ein letztes zu Schurtzens Bericht, was sich allerdings nur vermuten läßt: der Zar hält sich mit seiner Neuerung an das Vorhandene; er läßt die bestehenden

37) Knapp, Staatliche Theorie des Geldes, 1921, Seite 201.
38) a. a. O. Seite 236.
39) Ausdrücke von Schurtz.

Preisproportionen durch die Einführung anderer Zahlungsmittel unangetastet, denn das Preisgut (das Fell) bleibt dasselbe. Es ist anzunehmen, daß sich schon vorher gelegentlich ein Bedürfnis nach handlicheren Zahlungsmitteln geltendgemacht hatte, und daß die obrigkeitliche Regelung nichts weiter bedeutete als eine wirksame Hilfe zur sicheren Durchführung dieses bedeutungsvollen, willkommenen Fortschritts. (Selbstverständlich läßt das russische Beispiel auch andere Ausdeutungen zu: etwa Habgier, Machtwille des Zaren.) — Damit soll ein Streiflicht geworfen sein auf die in wirtschaftlichen Angelegenheiten lediglich formalen Aufgaben des Staates, die in der modernen Geschichte auch immer wieder zu erkennen sind. Das wirtschaftliche Leben erweist sich als stark genug, um Änderungen abzulehnen, die ihm nicht entsprechen würden, ihm nicht angepaßt wären. Die Verwalter des Staates werden also stets der Wirtschaft die Bedürfnisse abzulauschen versuchen, wenn anders der Staat mit seiner Neuerung oder Änderung kein Fiasko erleiden will[40]).

### 5. Bares und notales Geld nebeneinander (Beispiel: Münzwesen).

Nun aber zurück zur Betrachtung der Geldformen! Es war zuletzt die Rede von der Verwendung von Zahlungsmitteln, die nicht mehr in Einzelstücken der Preisgutgattung bestanden, sondern unabhängig vom Preisgut in eigener Form Gelddienste verrichteten. Allerdings handelte es sich zweifellos um bloße »Stellvertreter« des Preisgutes, da nach dem Wortlaut des Schurtzschen Berichtes anzunehmen ist, daß die Lederstückchen ihrer Menge nach an das Verhältnis 1 : 1 gegenüber den vom Zar angehäuften Preisgutstücken gebunden waren.

Die Verselbständigung der Preiseinheit, das will sagen: die Trennung von Name und Sache in der Art, daß der Name willkürlich gewählt wird (ohne Rücksicht auf den Namen des Preisgutes) und daß dieser Name mit irgendeinem anderen praktischen Gegenstand verbunden wird, damit er seinen Vermittlungsdienst als Geld auch körperlich leisten kann, macht sich im Münzwesen besonders deutlich bemerkbar. Durch die technische Erfindung der Münze ergeben sich neue Möglichkeiten, den Ansprüchen des Geldverkehrs nachzukommen.

Münzen im hier gebrauchten Sinn sind alle Arten Metallplatten, die mit einem (Hoheits-)Zeichen versehen sind, eine

---

[40]) Nach der juristischen Seite hin formulierte Anatole France den gleichen Gedanken einmal so: »Ein Gesetz ist, wenn die Lenker des Staates es formulieren, schon längst in den allgemeinen Gebrauch übergegangen. Es sanktioniert höchstens den Gebrauch. Spräche ein Gesetz sich gegen einen Gebrauch aus, so bliebe es unwirksam.« (Frankf. Ztg. v. 22. 2. 25 Nr. 142 »Anatole France im Gespräch.«)

bestimmte Geltung haben und als Zahlungsmittel gebraucht werden.

Die Verwendung von Münzen führt vor allem dazu, daß die Zahlungsmittel — die »Träger« der Preiseinheit — ihrer Menge nach der konkreten Grundlage beraubt werden; denn der Betrag der durch die Zahlungsmittel dargestellten Preiseinheiten entspricht einmal nicht mehr dem Betrag der durch die Menge des Preisgutes vorhandenen Preiseinheiten. Der Unterschied dieser beiden Beträge veranschaulicht am besten die Befreiung der Preiseinheit vom Preisgut. Diese Befreiung wird in der Welt der Dinge begleitet von der Ausgestaltung der Zahlungsmittel, deren Nennwert (= Geltungshöhe) unabhängig wird von dem Preis des Stoffes, woraus sie verfertigt sind. Diese Tatsache zeigt sich vor allem auf zweifache Weise: Der Nennwert kann erstens über dem Materialpreis des Stückes Metall, genannt Münze, stehen, zweitens aber auch darunter; ist das letztere der Fall, dann wandelt sich plötzlich der Charakter des Geldstückes von dem des Geldes in den des Gutes, und es ist daher wahrheitsgemäß, wenn man sagt, das Geld hat aufgehört, Geld zu sein; die reale Befriedigung durch das Stück Metall wird der zirkulatorischen durch das Geldstück vorgezogen. Selbstverständlich ist damit keine Veränderung am »Geld« vorgegangen, sondern das Verhalten der Inhaber solcher Stücke hat sich ihnen gegenüber geändert; und dieses Verhalten wiederum beruht auf dem über den Nennwert des Stückes hinausgestiegenen Preis der Metallplatte. Dies ist die dem sogenannten Greshamschen Gesetz zugrunde liegende Tatsache, die die »Verdrängung des guten Geldes durch das schlechte« zur Folge hat, sobald verschiedenerlei Münzen oder andere Geldsorten in Gebrauch sind, deren Materialpreise verschiedene Schicksale haben.

Beim Aufkommen der Münze trachtete man danach, den Münz-Nennwert mit dem Preis des Metallstückes übereinstimmen zu lassen; der Münzgeldgebrauch fußt zunächst noch auf den Vorstellungen des Naturaltausches und vermag sich nur schwer von diesem zu lösen. Die Beobachtung der Vorgänge im Münzwesen zeigt deutlich den Zwittercharakter des gemünzten Geldes, nämlich einmal den als Geld und zweitens den als Ware. Schon die Verträge zum Beispiel, die ein Fürst mit seinem Münzmeister über die Lieferung von Münzen schließt, scheinen eine »Ware« zu betreffen[41]). Dem Münzmeister bleibt

---

[41]) Vgl. die im Anhang der Acta Borussica, Denkmäler der Preußischen Staatsverwaltung im 18. Jahrhundert. Hrsg. von der Königlichen Akademie der Wissenschaften. Friedr. Freih. v. Schrötter: Das preußische Münzwesen im 18. Jahrhundert. Münzgeschichtl. Teil, I. Bd. abgedruckten Dokumente.

es überlassen, das Metall anzuschaffen, wobei er natürlich seinen Vorteil wahren kann; denn einen staatlich geregelten »festen« Preis der Edelmetalle gibt es nicht. Da das Münzmetall der Preisbildung auf dem freien Markt hemmungslos unterliegt, ist das Doppelantlitz dieses Münzgeldes erklärlich. Daß die Abnutzung der Münzen in der angegebenen Zeit von großem Belang war, ist bekannt; sie trug vorwiegend dazu bei, daß die Ausmünzungsverhältnisse häufig geändert[42]) wurden, die Geltung der Stücke blieb damit aber dieselbe, was zur Folge hatte, daß die Preise die Tendenz zeigten zu steigen.

Diese auch zur »Münzverschlechterung« zu rechnenden Umprägungen lassen sich (abgesehen von anderen Auslegungen) auch als Kampf der Naturalwirtschaft mit der sich durchsetzenwollenden Geldwirtschaft auffassen. —

Das außerordentlich bunte Bild des Münzwesens etwa zu Beginn des 18. Jahrhunderts in Preußen läßt sich mit Hilfe der in dieser Betrachtung der Geldformen durchgeführten dreifachen Fragestellung auf einheitliche Weise darstellen:

Preisgut waren zu gleicher Zeit die beiden Edelmetalle Silber und Gold, vorwiegend jedoch Silber. Wie ist dieser Zustand zu erklären? Es bestanden nicht allein zwei Preisgüter nebeneinander, sondern auch mehrere Preiseinheiten, von dedenen die einen im Münzfuß für Gold (Dukaten, Pistolen, Friedrichs-, Wilhelmsdors u. a.), die anderen im Münzfuß für Silber (Reichstaler, Tympf, Sechsgröscher, Schilling u. a.) festgelegt waren. Auf beiderlei Preiseinheiten wurden Zahlungen vereinbart[43]), die teils nach dem Nennwert der Münze, teils aber auch nach dem Börsenpreis der betr. Metalle geleistet werden mußten. Zahlungsmittel waren außer den »schweren« goldenen und silbernen Münzen noch eine Menge von Scheidemünzen (Kreuzer, Batzen u. a.), teils aus Silberlegierungen, teils aus Kupfer in Umlauf; daneben waren allerhand ausländische Münzen im Verkehr, die jedoch teils an der Börse notiert waren, teils ihren Preis im freien Handel erhielten. — Von Kurantmünzen in dem heute gebrauchten Sinn von Münzen, die in jeder Menge unbedingtes gesetzliches Zahlungsmittel sind, kann zu jener Zeit wohl noch kaum die Rede sein; proklamatorische Geltung war allerdings vom staatlichen Oberhaupt beabsichtigt, aber seine Macht erstreckte sich nicht auf die parazentrischen Zahlungen[44]), denn das Publikum verhielt sich nicht dementsprechend.

---

[42]) »geändert«, d. h. in weitaus den meisten Fällen: verschlechtert, indem aus der gleichen Menge Metall mehr Stücke ausgebracht wurden.

[43]) Vgl. Hoffmann, Die Lehre vom Gelde, Seite 87f.

[44]) »Zahlungen, an denen der Staat in keiner Weise, weder als Geber noch als Empfänger, beteiligt ist, nennen wir parazentrisch.« (Knapp,

Durch die Ausführungen über das russische Ledergeld wurde zu zeigen versucht, daß es sich dabei um einen empirischen Beweis für die theoretische Erkenntnis handelt, daß der Geldbegriff von der Form und dem stofflichen Inhalt der Zahlungsmittel unabhängig ist. Alles das dort Gesagte trifft somit auch auf den vorliegenden Fall zu; nur nach einer Richtung hin muß es ergänzt werden:

War es in Rußland nur eine Art Geld, die als »Stellvertreter« des Fellgeldes geschaffen wurde, so sind es hier eine Menge Sorten, die verschiedenen stofflichen Gehalt haben und auch verschiedene Prägung zeigen; bare und notale Münzen dienen nebeneinander dem Geldverkehr. Da besteht die Gefahr, daß sie vom Publikum verschieden behandelt werden; die Schwierigkeit, die sich einem solchen Geldwesen in den Weg stellt, ist offenkundig. Ebenso klar — und trotzdem der besonderen Beachtung wert — ist es, daß es sich hier um ein praktisches, durch geschichtliche Umstände bedingtes Problem dreht, das nur durch Aufzeigen dieser Bedingungen geklärt werden kann, — dessen Lösung keineswegs in einer logischen Folgerung aus dem Geldbegriff besteht.

Es handelt sich um die »Aufrechterhaltung eines einheitlichen Geldsystems«, das »seit alters her eins der großen Probleme der Geldpolitik« war, wie Cassel sagt[45]). »Es galt ein Mittel zu finden, wodurch die kleineren Münzen, die man nicht vollwertig zu prägen oder zu erhalten imstande war, in ihrem vollen Nennwert gehalten werden konnten[45])«. Die Fähigkeit der staatlichen Autorität, sich und ihre Einrichtungen durchzusetzen, war von jeher abhängig vom Willen und Handeln der Untertanen. Das hat für den geschilderten Zustand des Geldwesens die Bedeutung, daß die alte Vorstellung noch sieghaft blieb, die im Geld ein Gut, allenfalls den Stellvertreter eines Gutes, sah. Die Einrichtungen, die für das Geldwesen getroffen wurden, trugen daher alle dieser Anschauung Rechnung. Da war es insbesondere die Einlösungsmöglichkeit für die Scheidemünzen, die dem Münzsystem ein Rückgrat gab: die Scheidemünzen wurden dem Staat gegenüber als provisorisches Geld aufgefaßt, der auf Wunsch das definitive, die groben Stücke, dafür herzugeben hatte. Damit stand natürlich die beschränkte Scheidemünzausprägung in engstem Zusammenhang; sie ist schon damals als eine kassenpolitische Maßnahme des Staates oder seiner Geldemissionsstelle zu werten. Die Einlösbarkeit der Scheidemünzen trug dazu bei, daß die Preise, die durch die Preiseinheit auf Gold oder Silber lauteten, sich immer nach

Staatliche Theorie des Geldes, 1921, Seite 86.) Es sind also vor allem die Zahlungen unter Privaten darunter zu verstehen.

45) Cassel, Theoretische Sozialökonomie, 1923, S. 355.

dem Preis der bestimmten Menge des betreffenden Edelmetalls richteten und nicht etwa nach dem geringeren Preis der Scheidemünzplatte. Die Scheidemünze war dank ihrer Einlösbarkeit im Verkehr dem baren Gelde völlig ebenbürtig, in dem man ja regelrechte Stücke der Preisgutgattung vor sich hatte. (Letzteres kam im Münzfuß zum Ausdruck, der so gewählt wurde, daß der summierte Nennwert der ausgebrachten Stücke dem tatsächlichen Preis der betreffenden Metallmenge entsprach.) Diese Beurteilung als »ebenbürtig« ist nur vom damaligen Zustand der Erkenntnis über das Geldwesen aus gerechtfertigt; und wenn daher Cassel im weiteren Verlauf seiner Darlegungen über diesen Punkt schreibt: »Die Einlösung der unterwertigen Kleinmünzen ist also die unmittelbare Bedingung für die Aufrechterhaltung der Gleichwertigkeit dieser Münzen mit den Hauptmünzen«[46], so ist dieser Satz durchaus nicht als ein allgemein gültiger aufzufassen; denn wir wissen, daß es Geldsysteme gab und noch gibt, bei denen sich die Bedeutung dieser Einlösbarkeit stark verringert hat, ja vielleicht in dieser Hinsicht ganz verlorengegangen ist und zu einem rein praktischen Wert als Umwechslungsmöglichkeit kleinerer Geldarten in größere geworden ist, am augenscheinlichsten dann, wenn die gesetzlichen Zahlungsmittel mit höherem Nennwert aus — Papier sind!

Will man die Erkenntnis über die Münzsysteme mit baren und notalen Münzen in allgemeinster Form festhalten, so ließe sich sagen:

Alle Münzarten, die zu einem Münzsystem gehören (d. h. soweit sie alle auf eine Einheit — deren Teile oder Vielfache — lauten, die mit einem bestimmten Preisgut in Form eines Preises in Verbindung steht), sind untereinander als Geld gleichgeordnet. Sie unterscheiden sich nur durch ihre Nennwerthöhe; ihr stofflicher Gehalt ist so lange belanglos, als der Preis des Metallstückes nicht über dessen nominelle Geltung steigt. Tritt dieser Augenblick ein, dann erlischt die Geldeigenschaft: die Münze erhält entweder einen Preis (»Kurswert«) in der weiteren Zirkulation, oder sie wird vom Besitzer festgehalten und auf die eine oder andere Weise als Gut behandelt (Hortung, Einschmelzen u. a.).

Damit soll an dieser Stelle über die Geldform der Münze genug gesagt sein; im nächsten Abschnitt wird bei der Betrachtung über die Währung noch einmal an diese Gedanken angeknüpft werden müssen. —

---

[46]) Cassel, Theoretische Sozialökonomie, 1923, Seite 356. Vgl. auch Knapp, Staatliche Theorie, 1921, S. 321: »Die Einlösbarkeit ist nicht Grund ihrer Geltung; sie gelten wie alle Geldarten proklamatorisch...«

## 6. Notales Geld, quantitativ vom Preisgut unabhängig (Beispiel: Papiergeldwirtschaft).

Eine weitere Variation des ewig gleichen Grundmotivs der Geldidee ist dasjenige Geldwesen, das nur Geld mit Notalverfassung hat. Es verdient besondere Beachtung, weil damit die Trennung von Preisgut und Geld vollkommen durchgeführt ist, am auffallendsten da natürlich, wo die Zahlungsmittel nur aus Papier sind. Ein solches Geldsystem soll dem Folgenden als Ausgangspunkt dienen.

Es wäre über dieses Papiergeld[47]) nichts Besonderes zu bemerken — außer dem, was über Scheidemünzen oder die russischen Lederstückchen gesagt worden ist —, wenn nicht die Erfahrungen mit dem Gebrauch von Papiergeld mancherlei schiefe und einseitige Erklärungsweisen hervorgerufen hätten. Diese gehen darauf zurück, daß die Vermehrbarkeit derartigen Geldes so gut wie unbegrenzt ist und daß der stoffliche Gehalt dieses Geldes so außerordentlich gering ist, es sich also um durchaus »wertloses« Geld handelt im Hinblick auf seine außergeldliche Verwendbarkeit. Das letztere Argument hat in einer geldtheoretischen Untersuchung aber gar keinen Raum, da das Geld ja nur als Geld verwendbar sein muß. Und was die »grenzenlose Vermehrbarkeit« papiernen Geldes anlangt, so muß doch bedacht werden, daß Geld nur dann »vermehrt« wird, wenn das vorhandene zur Preiszahlung nicht mehr ausreicht. Dieser Satz — so einfach er klingt — verdient ausgesprochen zu werden; er sagt nichts weiter, als daß die Gründe für eine »Geldvermehrung« in einer Veränderung der Preise oder der Zahlungsgepflogenheiten zu suchen sind. Für die theoretische Darstellung kommt es ganz besonders hier darauf an, die Dinge beim richtigen Namen zu nennen; das allein unterscheidet sie von den interessierten, nach irgendeiner Seite hin wirken wollenden »Erklärungen«. — Doch hier handelt es sich noch nicht um eine Kritik der Inflations-Literatur — an welchen Punkten eine solche einzusetzen hätte, kann erst nach Klärung des Währungsbegriffes und dem Aufzeigen der Aufgabe der Währung gesagt werden —, hier hat vielmehr erst die Einordnung der Geldform der papiernen Scheine in das allgemeine Schema zu erfolgen.

Um das Untersuchungsobjekt, das Papiergeld, rein vor Augen zu führen, sei weder an eine Einlösungsmöglichkeit der Scheine in Metall, noch an eine sonstige auf reale Fundierung hindeutende Einrichtung gedacht; gemeint ist also ein Geldwesen, wie wir es etwa in der Inflationszeit vor uns hatten.

---

47) Die juristische Unterscheidung zwischen Banknoten und Staatspapiergeld soll hier außer acht gelassen werden, da sie außerhalb des hier gewählten Gesichtswinkels liegt.

Da ist vor allem die vielleicht nicht auf den ersten Blick einleuchtende Feststellung zu machen: Auch bei der Verwendung ausschließlich papiernen Geldes im Verkehr ist auf das Vorhandensein eines oder mehrerer Preisgüter zu schließen. Denn wie sollten Preise zustande kommen, wenn nicht die Preiseinheit schon mit irgendeinem Gut in Beziehung stünde? Diejenigen, die sich an der Preisbildung beteiligen, geben ihr Urteil immer auf Grund eines Vergleiches ab. Doch um auch hier[48]) nicht mißverstanden zu werden, muß noch einmal wiederholt werden: es ist keineswegs immer ein bestimmtes Vergleichsgut, dessen Preis bei der Entstehung eines neuen Preises maßgebend ist. Diese Vergleichsgüter sind vielmehr im einzelnen Fall höchst subjektiv bestimmt; es können nur solche sein, die sich irgendwie im Interessenkreis des einzelnen befinden. Das Zahlungsmittel selbst als Vergleichsgut anzusehen, ist nur einer vom praktischen Standpunkt aus erfolgenden Beurteilung gestattet, nicht der wissenschaftlichen. Denn: »Das Geld ist eine Sache, deren Gebrauch nur dadurch möglich ist, daß man sie veräußert«[49]). Geld ist seiner Bestimmung nach nicht letztes Ziel unseres Begehrens, kein Gut, in dessen Wesensbestimmung der schließliche Untergang durch Verbrauch eingeschlossen ist. Theoretisch bleibt seine Aufgabe ewig die gleiche: Zahlungsleistungen zu ermöglichen und immer wieder zu diesem Zweck ausgegeben zu werden! Vergleichsgüter können daher immer nur im tiefsten Grunde solche sein, deren Besitz unserer unmittelbaren Befriedigung dienen könnte. Aber: durch das, was uns als Preissystem gegenübertritt, durch dies wunderbare (oder rätselvolle!) Gefüge von Preisen für die heterogensten Dinge ist für jeden einzelnen Preis eine mehr oder weniger erkennbare Beziehung zu einem allen gemeinsamen Preisgut gegeben. Die Preise sind immer etwas historisch Gewordenes, die Relationen unter ihnen sind nichts Willkürliches, wenn auch die »allgemeinen« Preisgüter von Zeit zu Zeit willkürlich gewechselt werden können. Es fragt sich nur, welches Gut an einem bestimmten Ort und zu einer bestimmten Zeit als solches »allgemeines« Preisgut angesehen werden muß.

Das jeweilige Vergleichsgut wird sich je nach der Art des Handelsverkehrs herausstellen. Bei isoliert gedachtem Binnenhandel trifft das zu, was oben über die Kameruner Krurechnung gesagt wurde; ein bestimmtes Gut hat sich aus irgendwelchen Gründen die größte Bewertungsgesellschaft erobert

---

[48]) Vgl. oben Abschn. III B, 3 b (Seite 41 f.). (Ausführungen über das Preisgut bei der Makutenrechnung.)

[49]) Kant, Metaphysische Anfangsgründe der Rechtslehre, 2. Hauptstück, 3. Abschnitt, § 31/1: »Was ist Geld?«

und bietet dadurch die Anknüpfungsstelle für die Normierung der Preiseinheit. Wirtschaftsgesellschaften, die in die Weltwirtschaft verflochten sind, deren Handelsverkehr also die nationalen Grenzen überschreitet, werden je nach der Bedeutung, die der betreffende Außenhandel für das Inland hat, häufig und in vielen Fällen notwendigerweise das Geld des Auslandes (das ja im Inland dann einen Preis hat) als Preisgut für die inländischen Preisbildungen ansehen, wenn sie kein eigenes Preisgut haben. Die Preiseinheit des Inlandes erhält dann ihre Verbindung mit der Güterwelt durch diesen Kurs des ausländischen Geldes an der Börse im Inland. Die Kalkulationen, die mit Devisenposten zu tun haben, führen ohne weiteres dazu, daß ein wesentlicher Richtpunkt für die Inlandspreise im Preis des ausländischen Geldes liegt, oder — indirekt — im Preisgut der ausländischen Zahlungsgemeinschaft zu sehen ist. Im besonderen Falle der deutschen Inflation läßt sich folgendes feststellen: Die direkte Beziehung zum vorherigen Preisgut Gold wurde dadurch zerschnitten, daß das Gold im allgemeinen nicht erlangbar war, also als »Preisgut« untauglich wurde. Wohl blieben zunächst die überkommenen Relationen noch »standhaft«; Erklärungen dafür bietet z. B. v. Zwiedineck in seinen Gedanken über das »Trägheitsgesetz des Verkehrs«[50]). Eine gewichtige Tatsache, die der Preisentwicklung hemmend im Wege stand, war außerdem die starke Einschränkung des Verkehrs mit dem Ausland während des Krieges. Wir wissen, daß in dieser Zeit die meisten unserer Preise den »Anschluß an die Weltmarktpreise« verloren, in dem sie hinter ihnen zurückblieben; und interessant war die Beobachtung der Preise, die sich für Waren ergaben, die mit dem Weltmarkt näher in Fühlung blieben, wie z. B. Fett[51]), das ja auf die Devisenkurse auffallend rasch reagierte! Nicht bloß in steigender, sondern auch in fallender Richtung! Als dann nach Kriegsende die Verbindungen mit dem Ausland allmählich wieder aufgenommen werden konnten, suchten sich in demselben Maße die Inlandpreise auf dem Umweg über die Devisenkurse den Auslandspreisen anzupassen, was ihnen jedoch erst im letzten Stadium der Inflation vollkommen gelang, ja, einige Warenpreise überschritten sogar die »Weltmarktpreise«! Dieser Entwicklung stand die Armut im Inland hemmend gegenüber, neben vielen anderen Widerständen (geringe De-

---

[50]) O. v. Zwiedineck, Kritisches und Positives zur Preislehre, Zeitschrift f. d. ges. Staatswiss., Bd. 65, 1909, S. 84 insb.

[51]) Als damals im Haushalt Tätige hatte ich manchmal Gelegenheit, mich über die Bewegung gerade dieses Preises zu wundern, um dann vom Händler die Auskunft zu erlangen, daß das »mit dem Dollar zusammenhinge«.

visenzuteilung u. dergl.)[52]. Die Unsicherheit der Preisbildung war auch durch das Wetteifern verschiedener Preisgüter miteinander gekennzeichnet: in den verschiedensten Zweigen des Handels suchte man z. B. nach einem für die betreffende Branche bedeutenden Gegenstand, dessen Preis vom Weltmarkt abhängig war und aus diesem Grunde den übrigen Preisen auf diesem besonderen Gebiet richtunggebend sein sollte. — Dies alles kann hier nur angedeutet werden, es wäre aber einer besonderen Untersuchung wert.

Daß es auf der anderen Seite gleichgültig ist, aus welchem Stoff die Zahlungsmittel als Träger der Preiseinheit sind, ist nach dem hier vorausgesetzten Begriff des Geldes klar. Die zu- oder abnehmende Menge des Geldes kann höchstens als ein Symptom für Vorgänge im Preissystem, für Veränderungen der Zahlungsgebräuche oder für Veränderungen im Maß der Kreditbewilligung angesehen werden — nie als Ursache dieser Erscheinungen! Vielmehr sind deren Ursachen in wirtschaftlichen, politischen oder anderen — vielleicht als »schicksalsmäßig« zu bezeichnenden — Notwendigkeiten zu suchen!

Bei der Beurteilung eines wirklichen, geschichtlich gegebenen Geldsystems kommt es darauf an, wie sich die Preisentwicklung vollzieht: ob sie einheitlich ist, d. h. von einem einzigen Preisgut aus zu erklären ist, oder ob sich um verschiedene Preisgüter gleichsam mehrere Preissysteme kristallisieren, die in ihrer gegenseitigen Überschneidung und Durchkreuzung die Unruhe und Unsicherheit in die gesamte Preisbildung der betreffenden Zahlgemeinschaft bringen. Diese Erwägungen spielen aber schon stark in die Währungsfrage hinüber und sollen deswegen hier abgebrochen werden. —

### 7. Geldwesen mit Zahlungsmitteln aus verschiedenen Geldsystemen (Beispiel: Deutsche Währungen nach 1871 und nach 1924).

Der Vollständigkeit halber soll noch ein Geldsystem erwähnt werden, das dadurch auffällt, daß unter dem umlaufenden Geld sich Arten befinden, die auf andere Namen lauten als die zeitlich gültige Preis- oder Währungseinheit mit deren

---

[52]) Vgl. hierzu Rieger, Einführung in die Privatwirtschaftslehre, 1928, Seite 12: »Auf die Ausgestaltung des Preisgebäudes ... haben auch die internationalen Wirtschaftsbeziehungen einen großen Einfluß. Davon haben wir eine deutliche Vorstellung nach dem Kriege erhalten: Durch das mehrjährige Vakuum hatten sich die Preissysteme der einzelnen Volkswirtschaften selbständig gemacht, und als die weltwirtschaftlichen Beziehungen wieder aufgenommen wurden, da sah man erst, wie weit man sich auseinander entwickelt hatte. Und die schwere Aufgabe ist noch nicht beendet, die Produktionen wieder aufeinander abzustimmen, sich den veränderten Verhältnissen anzupassen, das Preisgebäude so weit herzustellen und zu korrigieren, daß man wieder Weltwirtschaft treiben kann.«

Unterteilungen. Solche Zustände sind typische Übergangserscheinungen, wenn etwa das Preisgut und mit ihm die Preiseinheit gewechselt werden soll oder die Preiseinheit allein zum Unterschied gegen andere gleichzeitige oder vorherige aus irgendwelchen Gründen geändert wird. Beispiele sind überaus häufig; nur einige mögen hier zur Illustration genannt sein: Nach der Münzreform im Deutschen Reich in den siebziger Jahren waren die Talerstücke noch bis 1907 gesetzliches Zahlungsmittel, obwohl seit 1873 die Währungseinheit »Mark« hieß; heute (1928) sind noch Rentenmarkscheine, Mark- und Pfennigstücke im Verkehr, während die Zahlungen alle in Reichsmark ausbedungen werden. Die Erklärung der Möglichkeit solcher Tatsachen liegt in dem durch die Bank- und Münzgesetze geregelten »rekurrenten Anschluß« der betreffenden nominellen Einheiten und in den Verfügungen über die Beibehaltung dieser Geldarten auf eine bestimmte Zeit. Da hinter derartigen Verfügungen vorwiegend praktische Gründe stehen, ist es der Verwaltung nicht schwer, sie im Publikum durchzusetzen. —

Damit sei die Betrachtung der hauptsächlichen geldwirtschaftlichen Typen beendet.

Nachdem bis jetzt zu zeigen versucht wurde, wie Preis und Geld notwendig miteinander entstehen, daß der Verkehr mit Preisen jedoch nicht durchaus an die Verwendung von Geld gebunden ist, und daß aus diesem Grund, sowie aus der Mannigfaltigkeit der Geldformen der rein technische Charakter des Geldes als Zahlungsmittel ersichtlich wird, so ist jetzt das Augenmerk auf diejenige Einrichtung zu richten, die für die heutige Geldwirtschaft von der größten Bedeutung ist: die Währung.

## IV. Die Währung als Grundlage des Rechnungs- und Zahlungsverkehrs eines Landes.

### A. Begriffliches.

Das Wort Währung unterliegt gleich den anderen Ausdrücken, die das Geldwesen betreffen, mehreren Sinndeutungen. Die gebräuchlichsten sind die als »Geldverfassung« (bestimmter Art) und die als »Geld« im Sinn von gesetzlichem Zahlungsmittel, Kurantgeld. Wenn es in den deutschen Münzgesetzen wiederholt heißt: »Im Deutschen Reiche gilt die Goldwährung«, so läßt das auf die erste Bedeutung des Wortes Währung schließen (Geldverfassung). Die Theorie ist aber nicht verpflichtet, sich in ihren Begriffen an Gesetzestexten zu orientieren. Kurt

Singer stößt sich meiner Meinung nach mit Recht gerade an diesem Wortlaut; er sagt: »Dieser Satz ist doppelt unsinnig. Er ist ohne Sinn auch dort, wo eine wirkliche Goldwährung besteht, wie im Vorkriegs-Deutschland. Denn die Eigenart einer Währung ist ein Sachverhalt; ein solcher besteht oder besteht nicht; unmöglich aber kann er gelten«[1]). Singer scheint dabei in einer Währung auch eher einen Zustand, ein tatsächliches Bestehen gewisser Formen des gesamten Geldverkehrs zu sehen als die formelle juristische Verfassung des Geldwesens. — Dieser Hinweis mag genügen, um auf den noch immer zweifelhaften Inhalt des Währungsbegriffes aufmerksam zu machen.

Die ursprüngliche Bedeutung des Wortes Währung geht wohl zurück auf die obrigkeitliche Gewährleistung für die Gediegenheit der Münzen hinsichtlich Gewicht und Feingehalt[2]), oder — anders ausgedrückt —: gab der Nennwert der Münze den Preis an für das in der Münze enthaltene Metall, so wollte der Münzherr diese Übereinstimmung von Preis und Metallquantum verbürgen; allerdings konnte er dies nur für den Zeitpunkt der Ausprägung — und auch da nur, soweit es die Technik gestattete; im übrigen war die Preisbildung dem freien Markt überlassen.

Was sagt nun die für geldtheoretische Terminologie schlechthin zuständige Staatliche Theorie?

»Das valutarische Zahlungsmittel eines Landes heißt im engeren Sinn des Wortes die Währung. Im weiteren Sinne bedeutet Währung oft die gesamten lytrischen Einrichtungen des Landes, indem man das Ganze nach seinem wichtigsten Bestandteile benennt[3]).«

Ich möchte mich einer solchen Autorität wie Knapp in dem Gebrauch des Wortes Währung als Gesamtheit der lytrischen Einrichtungen fügen; nur sei mir noch eine Bemerkung gestattet.

Nach dem, was über die ursprüngliche Bedeutung des Wortes Währung gesagt worden ist, daß sie nämlich auf »Gewährleistung« einer bestimmten Menge Metall zu einem bestimmten Preis zurückgeht, scheint es gerechtfertigt nachzuprüfen, ob nicht auch heute noch ein ähnlicher Sinn hinter dem Wort Währung zu finden ist. Meine Überlegungen haben mich

---

1) K. Singer: »Gesetzgebung durch Abschreiben« (Wirtschaftsdienst 1924, Heft 31, S. 993).

2) Vgl. A. Nußbaum, Das Geld in Theorie und Praxis des deutschen und ausländischen Rechts, Tüb. 1925, S. 43: »Der Ausdruck Währung wird beinahe in ebensoviel verschiedenen Bedeutungen gebraucht wie derjenige des Geldes. Ursprünglich bezeichnete er die staatliche Garantie des Feingehaltes.« N. beruft sich auf L. Goldschmidt, Handbuch des Handelsrechts, 1868, S. 1124, Anm. 19.

dazu geführt, den Begriff der Währung etwa folgendermaßen zu bestimmen:

Währung ist der durch Übereinkunft oder Gesetz geordnete tatsächliche Zustand eines Geldwesens, in dem ein fester Preis für eine bestimmte Menge einer auch nach Qualität bestimmten Ware (= Preisgut) gewährleistet ist, und die übrigen Preise im Bereich dieses Geldwesens auf dieselbe Preiseinheit (= Währungseinheit) lauten wie der Preis des Preisgutes.

Die Währung wird hier weder nach den platischen, noch nach den genetischen, sondern nur nach den dromischen Beziehungen des Geldes zum Währungsmetall (Preisgut) beurteilt[4]). Damit ist der Begriff stark eingeengt; er schließt z. B. das ein, was Knapp die Hylodromie nennt, die — nach Knapp — keineswegs ein notwendiger Bestandteil der Währung, sondern nur eine zufällige Einrichtung im Geldwesen ist. Um nun dem Wort Währung eine seiner etymologischen Herkunft entsprechende Bedeutung erneut zuzuerkennen, scheint es zulässig, das Kriterium der »Gewährleistung« in den Begriff aufzunehmen, wodurch diejenige Währung charakterisiert würde, die gemeinhin als »gebundene Währung« bezeichnet wird[5]). Oder negativ ausgedrückt: aus dem Begriff fiele die sogenannte »freie Währung« heraus; denn: »freie« Währung wäre einfach paradox! Die Zustände, die man mit diesem Ausdruck zu bezeichnen pflegt, würden als Geldwesen oder als Geldsysteme mit freier oder besser: ungebundener Preisentwicklung zu bezeichnen sein, weil den Preisen die gemeinsame Grundlage fehlt. (Auf die Bedeutung der gemeinsamen Preisgrundlage wird sogleich zurückzukommen sein.)

Um diese terminologischen Vorbemerkungen abzuschließen, seien nur noch die im folgenden verwendeten Ausdrücke genannt, deren Formulierungen des leichteren Verstehens (oder vielleicht besser »Verstandenwerdens«) halber Konzessionen an die herkömmliche Terminologie sind:

statt »Währung« schlechthin wird es immer heißen: ent-

---

[3]) Knapp, Staatliche Theorie des Geldes, 1921, S. 99f.

[4]) Vgl. Knapp, Staatl. Theorie, 1921, S. 46: Erklärung der Ausdrücke »platisch«, »genetisch« und »dromisch«.

[5]) »Gebunden« freilich in einem anderen Sinn als K. Elster meint, wenn er schreibt (Seele des Geldes, 1920, S. 214), es habe einen guten Sinn, »die Bindung oder Freiheit einer Währung als ihr unterscheidendes Merkmal mit Rücksicht darauf anzuerkennen, daß unter der Herrschaft der gebundenen Währung die Geldschöpfung nicht im freien Belieben des Staates steht, sondern an Umstände gebunden bleibt, die jenseits des staatlichen Machtbereichs liegen; während bei einer freien Währung der Staat als Geldschöpfer sich die uneingeschränkte Freiheit seiner Entschließung wahrt.« In der Art der »Geldschöpfung« soll für den Begriff der Währung keinesfalls ein Merkmal gesehen werden!

weder »gebundene Währung«, »Währung mit Hylodromie« oder »Währung mit Exodromie«. Alle drei Ausdrücke werden durch die von mir gegebene Definition der Währung getroffen (die natürlich dann durch die benutzten Attribute zu »Währung« tautologisch wird, was aus dem angegebenen Grunde zu entschuldigen ist.)

Das Wort Währung wird nie im Sinn von »valutarischem Zahlungsmittel« gebraucht, was ausdrücklich bemerkt sei; auch nicht in der Bedeutung von »Geldverfassung«, denn Geldverfassung ist die Bezeichnung für die Gesamtheit der rechtlichen Bestimmungen, die das Geldwesen regeln[6]), zum Unterschied von Währung als einem tatsächlichen Zustand. Wenn ich daher Knapps Währungsbestimmung als »die gesamten lytrischen Einrichtungen« annehme, so steht der Gedanke dahinter, daß diese Einrichtungen (unabhängig von den gesetzlichen Bestimmungen) in der Wirklichkeit den Zustand herbeiführen, den wir Währung nennen.

Der eindeutige Begriff der »Währungseinheit« — als der in der Geldverfassung festgelegte Name, auf den die Zahlungsmittel lauten — kann nunmehr für »Preiseinheit« eingeführt werden; es muß zwar zugegeben werden, daß die grammatische Bildung »Währungseinheit« nicht sonderlich glücklich ist. Das Gesetz hat dafür den Ausdruck »Rechnungseinheit«; sieht man dabei bewußt einen zu den »Maßeinheiten« (Meter, Gramm, Kalorie usw.) gegensätzlichen Begriff, dann ist der Ausdruck durchaus zu billigen, — obwohl auch diese grammatische Form nicht befriedigt. An sich ist aber der Name Rechnungseinheit nicht gerade treffend, denn schließlich wird ja mit allen Einheiten »gerechnet«, und im Münzgesetz erhält er seine besondere Bedeutung erst durch das Wort »Reichsmark«.

Das Preisgut wird in den meisten Beispielen das eine oder andere Edelmetall sein, Gold oder Silber; dafür wird dann der besondere Name Währungsmetall gebraucht, der dem Knappschen Begriff der Hyle entspricht, wenn er zunächst auf Seite 6 seiner Staatlichen Theorie sagt: »Hyle bedeutet Stoff«, und auf Seite 50 die nähere Bestimmung gibt: »Hyle bedeutet nun ein Metall — von anderen Stoffen kann man absehen — welches nach der Verfassung zugelassen ist zur unbeschränkten Verwandlung in Geld.« Hier ist zu beachten, daß es heißt »in Geld« — nicht etwa in »bares« Geld oder in »vollwertige Münze«! Knapp bezieht bewußt die Schaffung von »paratypischem« Geld ein, d. h. zum Beispiel von papiernen Geldarten (vgl. Seite 60 und 73 der Staatlichen Theorie, 1921); wenn z. B. heute (1928)

6) Natürlich ist die gegenseitige Abgrenzung der beiden Begriffe Währung und Geldverfassung willkürlich; ich halte sie aber aus sprachlich-sachlichen Rücksichten für zweckmäßig.

die Reichsbank bei uns für 1 Pfund eingeliefertes Feingold 1392 Reichsmark in ihren Noten[7]) zahlt, so sind diese hylogenisches, jedoch paratypisches Geld von papiroplatischer Beschaffenheit. Wenn Geld aus Währungsmetall vorhanden ist (was oft genug der Fall ist — aber nicht immer!), so ist das vom theoretischen Standpunkt als Zufall zu beurteilen, — wohl als ein geschichtlich bedingter, aus diesem Grunde also als ein »notwendiger« Zufall! —

Damit hoffe ich, möglichst deutliche Vorstellungen von den Hauptbegriffen dieses Abschnittes geweckt zu haben, um nun zum eigentlichen Thema übergehen zu können.

Die Bedeutung der gebundenen Währung für ein Geldwesen liegt in dem für alle Preise gemeinsamen Zentrum: dem festen Preis für eine bestimmte Menge eines bestimmt beschaffenen Preisgutes.

Dies ist genauer auseinanderzusetzen.

Beim Geld handelt es sich um eine wirtschaftstechnische Einrichtung zur Bewältigung des Güterwertverkehrs. Es wurde gezeigt, daß dabei das Vorhandensein von Preisen das Unveränderliche ist gegenüber dem Wechsel der Geldformen. Von den Preisen ist also auszugehen, nach den für die Preisbildung obwaltenden Bedingungen ist zu suchen, will man ein Geldwesen auf seine Zweckmäßigkeit hin oder sonstwie wirtschaftlich beurteilen.

Die Preise sind die Ergebnisse von Wertvergleichungen. Vergleichen lassen sich aber nur Dinge, denen die zu vergleichende Eigenschaft[8]) zuerkannt wird. Es hat daher einen guten Grund, wenn die »Metallisten«, als deren bekanntesten und am häufigsten zitierten Vertreter ich hier Knies anführen will, etwa behaupten: »Es ist eine naturgesetzliche Notwendigkeit, daß man zur Messung, d. h. zur Feststellung des quantitativen Verhältnisses in irgend einem quantitativ bestimmbaren Objekte nur einen solchen Gegenstand als Meß-Werkzeug, als Meß-

---

[7]) § 22 des Bankgesetzes vom 30. 8. 1924. Knapp gibt an den beiden angeführten Stellen das Beispiel von »Kassenscheinen« des Staates als hylogenisches, paratypisches Geld; »Reichsbanknoten« sind juristisch etwas anderes; der Sache, dem Wesen nach handelt es sich aber um denselben Fall.

[8]) Ich habe mich entschlossen, das Wort »Eigenschaft« selbst mit Beziehung auf den »Wert«, der ja an dieser Stelle im Vordergrund des Gemeinten steht, niederzuschreiben, obwohl mit Recht behauptet wird, daß es sich bei ihm um keine Eigenschaft im objektiven = physikalischen Sinn handelt, und mir auch hier keineswegs die Vorstellung von einem »objektiven Wert« vorschwebt, auch nicht im Gedanken an die Preise. Das Wort »Eigenschaft« schließt hier also jene psychischen Urteile ein, die wir »Werterlebnisse« nennen können, die ja im Grunde genommen ebensolche Bewußtseinserscheinungen sind wie diejenigen Erlebnisse, die wir bei der Wahrnehmung vorhandener physikalischer Eigenschaften haben können. —

Mittel verwenden kann, welcher selbst dasjenige, was gemessen werden soll in einem speziellen Quantum besitzt; es wird dann das in betreff des zu messenden Objektes unbekannte Quantum durch Verwendung des bekannten Quantums in dem artgleichen Meßwerkzeug ermittelt[9]).« ... »Es steht deshalb ebenso unumstößlich fest, daß wenn und soweit überhaupt das besondere Quantum wirtschaftlichen Wertes, welches die unterschiedlichen konkreten Güter umschließen, geschätzt und bemessen werden kann und soll, dies nur mittelst eines Gegenstandes möglich ist, der selbst wirtschaftlichen Wert hat, selbst ein wirtschaftliches Gut ist[10]).« Dieses Gut ist das Preisgut, dessen Wert bei der Entstehung eines Preissystems zunächst direkt, später indirekt den Orientierungspunkt für die Preise aller anderen Güter und Leistungen bildete und dank des Zusammenhangs der Preise auch weiterhin als solcher angesehen werden muß, wenn ihm die Eigenschaften, die es zum allgemeinen Preisgut machten, erhalten bleiben.

Von vornherein sei aber hier schon — um Mißverständnissen vorzubeugen — die weitere Folgerung, die Knies aus dem angedeuteten Gedankengang zieht, abgelehnt — die folgende nämlich: »Geld in dem Sinne, daß durch es wirtschaftlicher Wert zur Vorstellung gebracht, abgeschätzt und bemessen werden soll, kann nur ein Wertgegenstand[11]), nur eine Sache mit eigenem wirtschaftlichen Wert sein[12]).« — Wenn auch zur Preisbildung ein Vergleichsgut notwendig ist, so ist noch keineswegs zu folgern, daß auch das umlaufende Geld entweder selbst aus dem Preisgut hergestellt sein muß oder auf eine andere Weise dieses Preisgut vertritt oder »ersetzt«[13]). Die Funktion des Geldes als »Tauschmittel« (ich sage Zahlungsmittel) ist sehr wohl zu unterscheiden von der als »Wertmaß« (ich sage Preisgut) — entgegen Knies (vgl. Seite 187). An dieser Stelle muß der Weg der metallistischen Erklärungsweise des Geldwesens verlassen werden[14]).

---

9) Knies, Das Geld, 1885, Seite 147.

10) a. a. O. Seite 148.

11) »Also nicht eine bloße Anweisung auf ein bestimmtes Güterquantum ... und nicht ein bloßes Symbol, Zeichen für ein Wertquantum...« (Anmerkung von Knies.)

12) Knies, Das Geld, 1885, Seite 148. Vgl. auch Seite 177, 186f.

13) Knies, Das Geld, 1885, Seite 187f.

14) Zu der vom hier vertretenen Standpunkt aus anfechtbaren Ausdrucksweise von Knies soll hier nicht Stellung genommen werden. — Eines sei aber ausdrücklich bemerkt: Überall, wo von »verschiedenen Funktionen des Geldes« gesprochen wird, handelt es sich meistens um Funktionen von verschiedenen Sachen! Um die Verteilung der verschiedenen Funktionen nochmals deutlich zu machen, sei der zuletzt angeführte Satz von Knies in dieser Richtung zerlegt und gedeutet: »Geld in dem Sinne, daß durch es wirtschaftlicher Wert«

Die vor dieser Einschaltung angedeutete Frage über die Beibehaltung und Verwaltung eines Preisgutes möchte ich die Währungsfrage nennen. Sie betrifft dasjenige Element in einem Geldwesen, dem die höchste Bedeutung nach der wirtschaftlichen Seite hin zukommt: nämlich die Fiktion von der im Wert unveränderlichen Grundlage aller Wertungen in der Wirtschaft zur Wirklichkeit werden zu lassen!

Man denke zurück an die oben erwähnte »Rinderwährung« (Abschnitt III B, 3a); solange unter den Rindern kein Qualitätsunterschied gemacht wurde, hatten die Preise, die aus Wertvergleichungen mit Rindern hervorgingen, alle ein und dasselbe Preisgut — eben das als im Werte unveränderlich angesehene Rind — und waren dadurch auch untereinander vergleichbar. Sobald aber die Aufmerksamkeit auf die verschiedene Güte der Rinder gefallen war — wozu die tatsächliche Verwendung der Rinder als Geld (etwa bei Kontributionen oder beim Frauenkauf usw.) wohl Vorbedingung sein mußte —, wurde den Preisen »in Rindern« die Vergleichbarkeit genommen; das Preisgut hatte seine Allgemeingültigkeit verloren und wurde wieder zur Besonderheit in den einzelnen Fällen, solange nicht eine bestimmte Beschaffenheit des Preisgut-Rindes allgemein angenommen wurde.

Ähnliches läßt sich am Münzwesen beobachten. Ursprünglich war der Zustand der Münzen von Einfluß auf die Preisbildung der Waren. Die Gründe dafür sind bekannt: es handelt sich um pensatorische Zahlungsmittel, für die von Staats wegen keine Sicherung gegeben war, daß sie ihren Metallgehalt behielten, und die so Material- und damit Werteinbußen ausgesetzt waren, die sich in Preiserhöhungen der Waren usw. auswirken mußten, da die nominelle Geltung der Stücke bis zu einer etwaigen Umprägung nicht geändert wurde. Andrerseits trug keine Instanz dafür Sorge, daß dem Edelmetall ein bestimmter Preis erhalten blieb. Solange der Preis für das in der Münze enthaltene Metall der aufgeprägten oder sonstwie bekanntgemachten Geltung dieser Münze entsprach, so lange trat keine Veränderung der Preise der übrigen Güter ein, die auf die »Geldseite« zurückzuführen gewesen wäre. (Wohlgemerkt: diese

---

1. »zur Vorstellung gebracht« kann nach meiner Auffassung bezogen werden auf das Geld als »Zahlungsmittel«,
2. »abgeschätzt«: nämlich am Wert des »Preisgutes«,
3. »bemessen werden soll«: dies kann nur geschehen mit der »Währungseinheit«, die den zahlenmäßigen Ausdruck ermöglicht.

Allein vom Preisgut stimmt, was Knies vom Geld im allgemeinen aussagt: daß es nur »eine Sache mit eigenem wirtschaftlichen Wert« sein kann. Das Geld hat die einzige Funktion: Zahlungsmittel zu sein; damit wird nicht geleugnet, daß es unter gewissen Bedingungen auch zu anderen Zwecken dienlich ist (Wertaufbewahrung usw.).

»Geldseite« ist hier nichts anderes, als die besondere »Seite« der Ware Gold oder Silber!) Wich aber die nominelle Geltung vom Preis der Metallplatte ab, so änderten sich die Preise der Güter notwendigerweise entsprechend. Darin dokumentiert sich der noch stark tauschwirtschaftliche Charakter dieses Geldwesens. Trotz Chartalität der Münzen, die zeitweise die pensatorische Verwendung in den Hintergrund drängte, spielt ihr Metallgehalt für die Preisbildung eine Rolle; mit anderen Worten: Die Preiseinheit ist trotz ihres nominellen Charakters mit dem Geldstück, dem sie durch die Prägung den Namen gibt, so verbunden, daß Veränderungen an diesem Geldkörper Veranlassung für eine entsprechende Veränderung an der Preishöhe der Münze wären, wenn nicht die nominelle Geltung unveränderlich wäre und sich nicht deswegen die Güterpreise ändern müßten.

Sieht man nun im heutigen Geldwesen der wirtschaftlich bedeutenderen Länder einen höheren Grad von Vollkommenheit[15]) hinsichtlich der Zweckerfüllung des Geldes, so ist der Grund dafür noch zu suchen. Zweifellos wird dieser Grund in der Richtung liegen, die durch das Bestreben der Ausschaltung naturaltauschwirtschaftlicher Faktoren aus dem Geldwesen bestimmt wird.

Dazu gehört vor allen Dingen die »Verselbständigung« der Preiseinheit. Hierzu sagt Nußbaum: »Die Währung bedeutet für die Entwicklungsgeschichte des Geldes eine höhere Stufe in der technischen Vervollkommnung des Geldwesens[16]); erst durch die Schaffung der Währung wird die Loslösung der ideellen Einheit von dem Geldkörper gesichert und vollendet[17])«.

Mit Hilfe der Preiseinheit sollen Preisrelationen zwischen allen verkäuflichen Gütern geschaffen, bzw. erhalten werden, die keinem Einfluß von der »Geldseite« her unterliegen. So sagt z. B. Bendixen, diejenige Währung sei die beste, die die »natürliche Preisbildung nicht störend beeinflußt«[18]).

Das bedeutet aber nichts anderes als folgendes: der Preis-

---

[15]) Nicht im Sinne eines Werturteils! Denn jedes Geldwesen kann nur beurteilt werden im Gedanken an die Wirtschaftsepoche, in der es besteht; und da sich das Geldwesen immer den Erfordernissen des Verkehrs anpaßt, kann von einem »besser« oder »schlechter« nicht gesprochen werden. — Hier steht die Entwicklung vor Augen, die das Geldwesen an sich durchmachte, und da mag es angehen, die Veränderungen bis zur Gegenwart als Fortschritt oder Vervollkommnung zu bezeichnen — wie auf allen Gebieten der Technik. —

[16]) »Vgl. Menger in Conrads Handwörterbuch der Staatswiss. 3. Aufl. IV. 574 ff.« (Anmerkung von Nußbaum).

[17]) A. Nußbaum, Das Geld in Theorie und Praxis des deutschen und ausländischen Rechts, Tübingen 1925, Seite 45.

[18]) Bendixen, Vom theoretischen Metallismus (J. f. N. III. F. Bd. 57, S. 498 Anmerkung).

bildung ist eine möglichst unveränderliche, sichere Grundlage zu geben, die für alle Preise die gleiche ist, wodurch dem ganzen Preissystem der Halt gegeben wird, der die »natürliche Preisbildung« ermöglicht, oder besser: der nur Veränderungen der Preisrelationen der Waren und Dienstleistungen zu dieser Grundlage und untereinander zum Ausdruck kommen läßt, was die zeitliche und örtliche Vergleichbarkeit der Preise — die die notwendige Vorbedingung für alles wirtschaftliche Handeln ist — gewährleistet. Dazu bedarf es eines auf Zeit hinaus sich im Werte »gleichbleibenden« Vergleichgutes. Dieses gibt es an und für sich nicht. So ist die Preisbildung auf eine pragmatische Fiktion angewiesen, — eine Fiktion, die aber entsprechend der nur allzu konkreten Wirklichkeiten, um die es im wirtschaftlichen Verkehr geht, selbst zur Wirklichkeit werden muß. Und in diesem letzteren Punkt liegt Ziel und Zweck aller Währungspolitik beschlossen. Auf welchen Wegen dieses Ziel erreicht werden kann, soll nun an einigen Beispielen erläutert werden; und um nicht die Fülle der möglichen Komplikationen zu erörtern, seien drei Geldsysteme geschildert, an denen sich das Grundsätzliche und Entscheidende zeigen läßt. Die drei gewählten Formen sind kurz gekennzeichnet folgende:

1. Preisgut ist das Gold, die Zahlungsmittel haben Barverfassung.

2. Preisgut ist das Gold, die Zahlungsmittel haben Bar- und Notalverfassung.

3. Preisgut ist das Gold, die Zahlungsmittel haben Notalverfassung. (Verwandte Form: an Stelle des Goldes stehen Devisen.)

## B. Währungstypen.

### 1. Preisgut Gold, Zahlungsmittel mit Barverfassung (konstruiertes Beispiel).

Voraussetzungen für die Gültigkeit dessen, was über dies Beispiel ausgesagt wird, sind folgende: erstens handele es sich um eine nach außen hin abgeschlossene Zahlungsgemeinschaft (die selbst ja wiederum arbeitsteilige Wirtschaft voraussetzt); zweitens sei diese Zahlungsgemeinschaft gleichzeitig Goldproduktionsgebiet; drittens bestehe innerhalb dieser Zahlungsgemeinschaft freie Konkurrenz, und das wirtschaftliche Prinzip sei für die Handlungen bestimmend.

Wenn man annimmt, die Ware Gold sei zu dem allgemeinen Vergleichsgut geworden, so liegt darin die Vorstellung eingeschlossen, daß der Wert einer bestimmten Menge Gold allen Preisbildungen zugrunde liegt. Dies ist ohne weiteres der Fall, solange das Preisgut Gold in der Form von Goldstücken selbst

Zahlungsmittel ist; denn außer durch die Preise und das zählbare Geld unterscheidet sich dieser Geldverkehr durch nichts vom alten Naturaltauschverkehr: Gut wird gegen Gut gegeben und genommen. Wenn in diesem reinen Goldzahlungsverkehr die Preiseinheit — etwa »Aurum« — der Name für eine bestimmte Gewichtsmenge Gold von bestimmtem Feingehalt in Gestalt der goldenen Münze ist, so ist das gleichbedeutend damit, daß diese Gewichtsmenge Gold mit einem bestimmten Preis = 1 Aurum versehen ist. Die Preise der übrigen Güter richten sich notwendigerweise nach diesem als fest angesehenen Preis des Goldes, solange die Gewichtsmenge des Goldes in der einzelnen Münze sich nicht verändert. Die Geldstücke haben (nach Knapp) Barverfassung. Es handelt sich um die dem Autometallismus am nächsten stehende Zahlungsweise: das Geld, die chartalen Zahlungsmittel, haben daneben noch Gutscharakter.

Veränderungen der Güterpreise sind möglich, wenn sich irgendwelche Preisbestimmungsgründe für diese Güter ändern. Natürlich sind solche Änderungen der »Preisbestimmungsgründe« auch auf seiten der Ware Gold nicht ausgeschlossen. Es sei einmal an Zu- oder Abnahme der Produktion gedacht. Eine solche Vermehrung oder Verminderung des Goldes (bei gleichbleibender Nachfrage) beeinflußt jedoch den Goldpreis nicht, denn dieser soll ja aus Zweckmäßigkeitsgründen fest bleiben: er ist der — zunächst — fingierte feste Drehpunkt für die beweglichen Preise der übrigen Güter. Er wird zum tatsächlichen Fixpunkt dadurch, daß immer aus der gleichen Menge Gold »1 Aurum« geprägt wird und daß immer darauf geachtet wird, daß die Stücke nicht zu stark abgenutzt werden, ihr Gewicht also (möglichst) erhalten bleibt. Mit anderen Worten: An- und Verkauf der Ware Gold geschieht immer zum selben Preis (wobei für dieses Geschäft eine Zentralstelle von besonderer Autorität angenommen werden kann, aber nicht angenommen werden muß: es wäre auch denkbar, daß in einer Zahlungsgemeinschaft die Erkenntnis des »allgemeinen Interesses« — d. h. des aus dem Aufeinanderangewiesensein durch die Arbeitsteilung sich ergebenden Interesses jedes einzelnen Teilnehmers an dieser Zahlungsgemeinschaft — so stark ist, daß diese Erkenntnis eine Disziplin auszulösen imstande wäre, die die Aufrechterhaltung des festen Goldpreises gewährleistet. Damit soll die Bedeutung eines staatlichen Organs für die Regelung des Geldwesens keineswegs unterschätzt werden, aber auch als nicht absolut notwendig hingestellt sein). — Andererseits steigen auch keineswegs die Preise aller anderen Güter, denn bei dieser etwaigen Vermehrung der Goldmenge »geht es mit natürlichen Dingen zu«, d. h. sie verteilt sich nicht gleichmäßig und gleichzeitig in alle Hände, — und auch in diesem Falle stiegen nicht alle Preise proportional! Diejenigen, die etwa durch ergiebigere Goldförderung bereichert werden, indem sie ihr Mehrprodukt leicht zu Geld werden lassen können, erhöhen durch ihre etwaige verstärkte Nachfrage nur die Einkommen derjenigen, nach deren Güter sie besonders streben, falls nicht andere Tatsachen dem entgegenlaufen. Die so gestiegenen Einkommen der ersten Lieferanten beeinflussen ebenso bedingt die Preisbildung der Güter, nach denen sie Nachfrage geltend machen usw. — Wie weit und in welcher Zeit sich also eine Teuerung verbreitet, die durch Goldvermehrung entsteht, ist nicht zu entscheiden; diese Verbreitung hängt ab von der Größe der Goldproduktion, ihrer Beharrlichkeit, von der Art der Verwendung der durch sie erworbenen Einkommen, von der durch die verschiedene Verwendung hervorgerufene Verschiebung der Einkommensgestaltung der anderen Wirtschaften usw. Eins nur muß hervorgehoben werden: zu einer »allgemeinen« Preissteigerung kann die Goldvermehrung so lange nicht führen, als der e i n e Preis, der des Goldes, fest bleibt.

Mit diesem festen Goldpreis wohnt dem System ein »Preisregler« ohne weiteres inne, indem das Steigen derjenigen Preise, die auf die Erhöhung der Goldproduktionskosten wirken, der Goldproduktion Einhalt gebieten, sobald der unveränderliche Goldpreis nicht mehr genügend Gewinn verspricht; dann wird von seiten der Goldproduzenten keine weitere Unruhe in das Preissystem gebracht.

Festzuhalten ist, daß das Gold als Ware durchaus in der Reihe der Waren steht, daß Veränderungen in seiner Menge genau die gleichen Erwartungen hinsichtlich seiner eigenen Preishöhe zuließen, wenn nicht die stillschweigende oder ausdrückliche Übereinkunft vorhanden wäre, daß sein Preis als unveränderlich fingiert sein solle. Andererseits ist das Gold als Ware dadurch bevorzugt, daß sein Absatz jederzeit zu festem Preis gesichert ist, es also ohne Schwierigkeit in Einkommen umgesetzt werden kann, was bei anderen Waren nur unter günstigen Umständen der Fall ist. Die Produktionskosten entscheiden über die Goldvermehrung oder Einstellung der Goldproduktion, da der Preis des Goldes ein starrer ist und die privatwirtschaftliche Rentabilität daher leicht festgestellt werden kann. —

Nun zur Wirklichkeit zurück! Das heißt zu Währungsformen, die nicht wie das eben konstruierte Beispiel nur Geld aus Preisgutmaterial kennen, sondern die wie die meisten heute üblichen Geldsysteme Zahlungsmittel aus verschiedenen Stoffen verwenden.

### 2. Preisgut Gold, Zahlungsmittel mit Bar- und Notalverfassung (Beispiel: Deutsche Vorkriegswährung).

Für den folgenden Fall sollen einige der für den vorigen zur Vereinfachung gemachten Voraussetzungen wegfallen, bzw. durch andere ersetzt werden. Erstens sei an eine staatliche Zahlungsgemeinschaft gedacht, die mit der übrigen Welt in wirtschaftlichem Verkehr steht; zweitens handle es sich um kein Goldproduktionsgebiet, auch habe kein im Inland Wohnender Einkünfte aus ausländischen Goldminen; drittens bestehe freie Konkurrenz unter der Herrschaft des wirtschaftlichen Prinzips.

Das nächstliegende Beispiel bietet die Währung des Deutschen Reiches vor dem 4. August 1914. (Die geringe eigene Goldproduktion im Deutschen Reich und seinen Kolonien kann und soll hier außer acht gelassen werden.)

Diesem Währungstyp ist besondere Beachtung zuzuwenden; die Tatsachen, die sich hier feststellen lassen, sind von nahezu allgemeiner Bedeutung für fast alle gegenwärtig bestehenden Währungen. Eine eingehendere Behandlung scheint daher gerechtfertigt zu sein.

Drei Merkmale dienen zur Charakterisierung dieser Goldwährung:

1. Goldmünzen befinden sich in valutarischer Stellung: sie sind definitive, obligatorische und vom Staat aufgedrängte Zahlungsmittel.

2. Chrysolepsie: für Gold besteht das private Prägerecht (oder allgemeiner: die Zentralbank hat die vom Staate auferlegte Pflicht der unbeschränkten Goldannahme von seiten der Privaten zum gesetzlich festgelegten Preis).

3. Chrysophantismus: die Zentralbank ist vom Staat beauftragt, jederzeit Gold zu einem gesetzlich festgelegten Preis an Private abzugeben oder — was auf das Gleiche hinausläuft — ihre Noten in Goldmünzen einzulösen, die stets ihrem vorgeschriebenen Gewicht und Feingehalt entsprechen.

Diese drei Erfordernisse waren bei der Entstehung der damaligen Goldwährung »notwendige« Bestandteile des Geldsystems, denen eine ganz bestimmte Bedeutung zukam, auf die noch einzugehen sein wird.

Zunächst ist jedoch einer Vorfrage Aufmerksamkeit zu schenken: Wie wurde ihre »Notwendigkeit« begründet? Denn diese Begründungen spiegeln den Geist der Zeit, die Umstände wieder, aus denen heraus das neue Geldsystem entstanden ist, und die hier deswegen von Interesse sind, weil sie nicht theoretischer, sondern politischer und praktischer Natur gewesen sind. Es ist also eine Abschweifung in die Geschichte unserer Vorkriegswährung nötig und damit wiederum die Darstellung bekannter Tatsachen, deren Erwähnung sich jedoch in diesem Zusammenhang empfiehlt.

## Geschichtlicher Exkurs.

Nach einer der authentischsten Quellen: Karl Helfferich, »Geschichte der deutschen Geldreform«[19]) ergeben sich folgende Momente, die zu der so und nicht anders gewordenen Goldwährung beigetragen haben:

»Der Ausgangspunkt aller Bestrebungen zur Reform des deutschen Münzwesens war der Wunsch nach einer deutschen Münzeinheit[20]).« (»Münzeinheit« muß hier als »einheitliches Münzsystem« für das gesamte Reichsgebiet aufgefaßt werden; bis zur Neuordnung bestanden insbesondere sieben Münzsysteme nebeneinander[21].)

Praktische Vorbedingung für die Einheit im Münzwesen war das Schaffen einer gemeinsamen Rechnungseinheit (Helfferich a. a. O. Seite 121, 159, 163ff.); praktisch-rechnerische Überlegungen führten zum Dritteltaler mit Rücksicht auf die alten Währungseinheiten und auf das auch im Münzwesen einzuführende Dezimalsystem; zur »Mark« als neuer Währungseinheit kam man durch politische Konzessionen an den süddeutschen Partikularismus, der die Guldenrechnung nur dann preisgeben wollte, wenn zugleich die Talerrechnung nördlich des Mains aufgegeben würde.

Reichsgoldmünzen wurden geprägt, erstens weil man einen Ersatz brauchte für das unbeliebte Staatspapiergeld, das »bis zu einem gewissen Grad ein notwendiges Übel war, weil nämlich das Gold fehlte und das Silber für jede einige Taler überschreitende Zahlung bereits lästig war« (Helfferich, a. a.O. Seite 110; vgl. auch Seite 140); zweitens weil es als praktisch erkannt worden war, »Anschluß an die gesetzlich oder tatsächlich auf dem Golde beruhenden Währungssysteme der wichtigsten außerdeutschen Handelsvölker zu gewinnen« (a. a. O. Seite 120) und Goldmünzen als notwendiger Bestandteil einer Goldwährung angesehen wurden, oder besser: als Vorbedingung zu einer solchen, da der ausdrückliche Entschluß, zur Goldwährung überzugehen, erst später gefaßt worden war. Ein schwer ins Gewicht fallender Grund für die Ausprägung von Goldmünzen war drittens die Pflicht des neuen Staates — des Reichs — die verschiedenen außer Kurs gesetzten Landesgoldmünzen und »Handelsmünzen« in Reichsgeld umzutauschen

---

19) Bd. I des Werkes »Die Reform des deutschen Geldwesens nach der Gründung des Reichs«, Leipzig 1898.

20) a. a. O. S. 116.

21) Vgl. Bamberger, Ausgew. Reden u. Aufs. über Geld- und Bankwesen, Berlin 1900, Seite 240.

(Helfferich a. a. O. Seite 225ff). Daß dieser Umtausch praktisch nur gegen Goldmünzen erfolgen konnte, ergab sich aus der Gepflogenheit des Publikums, verschiedene Zahlungen nur in Gold auszubedingen und zu leisten; solche privatrechtlichen Beziehungen hätten nicht ohne Widerstand von Staats wegen geändert werden können, besonders nicht nach der noch nicht lange vollzogenen Einigung vorher politisch stark auseinanderstrebender Länder. — Ermöglicht wurde die Ausprägung von Goldmünzen durch die französische Kriegsentschädigung.

Die Gründe für die Einführung von Reichsgoldmünzen als gesetzliches Zahlungsmittel waren also vorwiegend praktischer und staatspolitischer Art. Außerdem schwebte ja die Einführung der Goldwährung vor, und da war es nach dem einzigen Vorbild Englands eine Selbstverständlichkeit, daß Goldmünzen als gesetzliches Zahlungsmittel vorhanden sein mußten. —

Die Hylolepsie — das gesetzlich verbriefte Recht der Privaten, für Währungsmetall von bestimmter Güte nach einem festgelegten Preis gesetzliche Zahlungsmittel zu erhalten — bestand vor der Münzreform in Deutschland noch nicht; wohl herrschte der Brauch, daß die Münzstätten Silber für private Rechnung ausprägten, und zwar »zu öffentlich bekanntgemachten, unwesentlich schwankenden Preisen« (Helfferich a. a. O. S. 218). Helfferich sieht darin eine »Verbindung des Geldes mit dem Währungsmetall« (a. a. O. Seite 218); diese Ansicht ist insofern richtig, als durch den Silberankauf der Münzstätten dem Silber eine — wenn auch veränderliche — untere Preisgrenze gegeben wurde; niemand hätte ja Silber zu einem geringeren Preis verkauft, als ihn die Münze bot, unter der Voraussetzung rationellen Handelns natürlich. Daß diese »Verbindung« noch keine feste ist, ist klar; und wenn man auf dem Standpunkt steht, in diesem Fall ist eine Verbindung entweder fest oder andernfalls überhaupt keine, dann muß man wohl sagen, daß die Bedeutung der erwähnten Gepflogenheit der Münzstätten nicht eigentlich in der vollkommenen Bindung des Geldes an das Währungsmetall liegt, sondern vielmehr darin, daß dem Währungsmetall eine untere Preisgrenze gesichert wird[22]).

Das ist die Wirkung der Hylolepsie, die aber keineswegs bei der — schon weit zurückliegenden — Entstehung dieser

---

[22]) Vgl. Helfferich, Das Geld, 1923, S. 437: »Die unbeschränkte Umwandlung eines Metalls in Geld ist die Voraussetzung für ein festes Wertverhältnis zwischen Metall und Geld« — richtiger wäre zu sagen: ist eine Voraussetzung..., zumal da H. vorher und nachher selber natürlich nur die »untere« Preisgrenze durch die Ausprägefreiheit gegeben sieht.

Einrichtung beabsichtigt war, wie uns Knapp[23]) sagt, und seinem scharfen Blick dürfen wir trauen. »Die Könige pflegten einen Schlagschatz zu erheben aus rein fiskalischen Gründen. Die lytrische Verwaltung sollte fiskalisch einträglich sein.« Dies war also der Grund für die Einführung der Prägefreiheit.

Auf Anraten Bambergers, dem als Ziel der Geldreform die »reine Goldwährung« vorschwebte, kam nach mehreren Debatten schließlich die gesetzliche Prägefreiheit zustande, die Bamberger als wesentlichen Bestandteil der Goldwährung ansah[24]); sein Vorbild war vor allem die englische Währung, wo schon seit nahezu zwei Jahrhunderten das Gold von jedem unentgeltlich in Geld verwandelt werden konnte[25]) (allerdings mit einigen Zwischenstadien, wo auch Silber frei ausprägbar war, oder die Münzstätten für beide Metalle geschlossen waren; seit 1816 jedoch bestand ununterbrochen das freie Prägerecht für Gold).

Die Chrysolepsie kam demnach 1871 hauptsächlich aus empirischen Gründen zustande. —

Der Hylophantismus entstand, wie uns Knapp erklärt, als Abwehrmaßnahme gegen die Münzverschlechterung. »Um nun die Wiederholung solcher Unfälle zu vermeiden, erfand der Staat das Passiergewicht«.....»Erst in ganz neuer Zeit... trat der Staat mit der Bereitschaft hervor, sein orthotypisches Geld trotz aller Abnützung proklamatorisch anzunehmen, während er sich zugleich der Regel unterwarf, niemals unterwichtige Stücke in den Verkehr zu geben. Damit ist die hylophantische Verwaltung erst vollendet und mit ihr die Hylodromie[26]).« — Die gleiche Begründung für die in § 9 des Gesetzes, betreffend die Ausprägung von Reichsgoldmünzen vorgeschriebenen hylophantischen Normen geben auch die Motive zu dem Gesetzentwurf an: »Die ferneren Bestimmungen dieses Paragraphen dienen dazu, die Vollwichtigkeit des Münzumlaufes aufrechtzuerhalten und dadurch einer allmählichen Verschlechterung der Valuta vorzubeugen«[27]), (»Valuta« hier verstanden als »Währung« = gesetzliches Zahlungsmittel mit endgültigem Annahmezwang).

Der Hylophantismus hat zur Folge, daß der Preis des

---

[23]) Staatliche Theorie, 3. Aufl. 1921, Seite 75.

[24]) Bamberger, Ausgew. Reden und Aufsätze über Geld- und Bankwesen, Berlin 1900, S. 261: »Jedes Münzgesetz mit einer Hauptwährung, welches sich nicht ergänzt durch das Recht der Privatprägung, ist eigentlich ein totes Ding, es könnte ebensogut eine Papierwährung sein.«

[25]) Vgl. Ph. Kalkmann, Englands Übergang zur Goldwährung im 18. Jahrh. Straßburg 1895, Seite 50 f.

[26]) Knapp, Staatliche Theorie, 1921, Seite 77.

[27]) Soetbeer, Deutsche Münzverfassung, Erlangen 1874, 1. Teil, S. 55.

Währungsmetalls — sagen wir Gold — auch nach obenhin begrenzt wird; eine bestimmte Anzahl barer Münzen aus Gold, deren addierter Nennwert den Betrag des Preises für 1 kg Feingold ausmacht, enthält tatsächlich 1 kg Feingold: der gesetzlich bestimmte Preis ist somit der höchste, den man für ein Kilogramm Gold erzielen kann.

Obwohl nun beide Einrichtungen, die Chrysolepsie und der Chrysophantismus — zusammen die Chrysodromie ausmachend — aus ganz verschiedenen Gründen entstanden sind, vereinigen sie sich doch zu dem überaus wichtigen Ergebnis, daß einem Gut, dem Gold, ein nahezu stabiler Preis gesichert wird, indem die beiden Preise des Goldes (für Ankauf und Verkauf) sehr nahe zueinander zu liegen kommen. Die Spanne zwischen ihnen wird von der Prägegebühr und von den Beträgen, die sich aus Toleranz und Passiergewicht errechnen lassen, bestimmt. (Von den Veränderungen, die durch die Wechselkurse bedingt sind, wird noch die Rede sein.) In dieser Beeinflussung des Goldmarktes von seiten des Staates und der dadurch erreichten Beständigkeit der Höhe des Goldpreises liegt das, was oben (Seite 69) mit der Verwirklichung der Fiktion der unveränderlichen Preisgrundlage gemeint war. Die theoretischen Betrachtungen darüber werden nach dieser geschichtlichen Darstellung einsetzen.

Zunächst ist noch der anderen Geldarten, die zu diesem Geldsystem gehören, zu gedenken.

Da sind einmal noch weitere metallne Zahlungsmittel: die Scheidemünzen aus Silber, Nickel und Kupfer; für diese wurden in den Motiven zum Gesetzentwurf drei hauptsächliche Grundsätze aufgestellt, die kurz folgendes enthielten:

1. Der Nennwert der einzelnen Münze steht über dem Preis ihres Feingehalts;

2. Beschränkung der Annahmepflicht auf einen festen Betrag;

3. Beschränkung der Menge solcher Münzen (also vor allem keine Prägefreiheit!)[28].

Wesentlich und wichtig ist, daß keine der Scheidemünzen — was ja schon nach deren Begriff ausgeschlossen ist — »vollwertig« ausgeprägt wird. Dadurch wird erreicht, daß die verschiedenen Münzen des einen Systems sich nicht gegenseitig stören, d. h. daß gemäß der Metallpreisverhältnisse auf dem Markt nicht die einen oder die anderen ihren Geldcharakter aufgeben müssen, weil es sich lohnte, sie der realen Verwendung zuzuführen[29]).

[28]) Vgl. Soetbeer, Deutsche Münzverfassung, Erlangen 1874, S. 76.

[29]) Vgl. Helfferich, Zur Geschichte der Goldwährung, Berlin 1896, S. 17: »Die Goldwährung ergab sich mit unbedingter Notwendig-

Der zweite Grundsatz findet seine Erklärung in der Rücksichtnahme auf die Zahlungsempfänger, denen man nicht zumuten wollte, größere Beträge in »unterwertigem« Geld anzunehmen. Die Oberflächlichkeit einer derartigen Begründung fällt in dem Augenblick auf, wenn an die unbegrenzte Annahmepflicht z. B. der Banknoten gedacht wird, die innerhalb dieses selben Geldsystems am 1. Januar 1910 in Kraft trat! Ebenso unzulänglich ist die Erklärung von Philippovich, Scheidegeld werde deswegen mit geringerem Zahlungsrecht ausgestattet, »damit nicht der mangelnde Metallwert seine Geltung beeinflusse«[30]). Hier ist die proklamatorische Geltung der chartalen Zahlungsmittel noch durchaus nicht erkannt. — Als einziger halbwegs vernünftiger Grund für diese Bestimmung des Münzgesetzes läßt sich eigentlich nur die Absicht vermuten, ein gesetzliches Recht zur Verweigerung etwaiger lästiger Zahlungen in Kleingeld zu schaffen.

Die Begrenzung der Ausgabe von Scheidemünzen auf einen bestimmten Betrag nach der Kopfzahl der Bevölkerung ging von dem Gedanken aus, ihre Menge nicht über die Erfordernisse des Kleingeldverkehrs hinaus zu steigern, damit nicht in kritischen Zeiten durch die »Erschütterung des Vertrauens« zu diesem »unterwertigen« Geld Schwierigkeiten in bezug auf die Einlösung bei den öffentlichen Kassen entstünden. Aus der damaligen politischen Lage durchaus begreiflich! Jedoch wäre es dann auch folgerichtig gewesen, den Betrag des Papiergeldes zu kontigentieren, denn was hätte in jenem Fall die »Dritteldeckung« in Gold und kursfähigem deutschen Gelde genützt? Daß die private Prägefreiheit für Silber- und andere Scheidemünzen nicht gewährt werden kann, ist nur allzu selbstverständlich — es gäbe ja sonst kein besseres Geschäft für die Untertanen! — Wohl läßt sich der finanzwirtschaftliche Grund rechtfertigen, daß dem Reich in der Münzprägung keine unbeschränkbare Einnahmequelle gegeben werden soll, da die Kosten für diese metallnen Zahlungsmittel vom Publikum getragen werden müssen, ohne daß eine Notwendigkeit dazu vorläge, wenn der Bedarf nach diesem Kleingeld gedeckt ist.

Daß überhaupt kleinere Zahlungsmittel im Verkehr notwendig sind, bedarf keiner Begründung.

Das deutsche Geldsystem vor dem Kriege umfaßte aber auch noch papierne Zahlungsmittel: Reichskassenscheine und Noten der Reichsbank, sowie der privaten Notenbanken.

---

keit aus dem Bestreben, beide Metalle, in einer ihrer Besonderheit entsprechenden Weise gleichzeitig im Umlauf zu erhalten, nachdem und weil das bimetallistische System versagt hatte.« Vgl. auch Helfferich, Das Geld, 1923, S. 458 ff.: »Unterwertiges Geld in der Goldwährung und Silberwährung.«

[30]) Philippovich, Grundriß d. pol. Ökonomie, 16. Aufl. 1921, S. 276.

Die Reichskassenscheine wurden im beschränkten Betrag von 120 Millionen Mark als Ersatz für das Landespapiergeld geschaffen, und die Banknoten dienten der Ergänzung der Zahlungsmittelmenge nach den Anforderungen des Verkehrs.

Für dieses Papiergeld bestand die Pflicht der Reichshauptkasse einerseits und der genannten Banken andererseits, die Reichskassenscheine und die Banknoten gegen Reichsgoldmünzen einzulösen, zu welchem Zweck sich die Notenbanken verpflichten mußten, mindestens ein Drittel des Betrages ihrer im Umlauf befindlichen Noten in kursfähigem deutschen Gelde, Reichskassenscheinen oder in Gold in Barren oder ausländischen Münzen und den Rest in diskontierten Wechseln bestimmter Qualität »in ihren Kassen zur Deckung bereitzuhalten«.

Über den »Wert« dieser Vorschrift bestehen verschiedene Meinungen. Ich möchte mich zu der von Nußbaum kategorisch folgendermaßen formulierten Ansicht bekennen: »Die Einlösung pflegt nur solange zu funktionieren, wie man ihrer nicht bedarf[31].« Auch Deckert führt den Nachweis, daß der Auffassung Recht zu geben ist, »die die Deckungsvorschriften ein Überbleibsel veralteter währungspolitischer Vorstellungen nennt«[32]. — Ein logischer Beweis für die Zusammenschweißung der verschiedenartigen Geldsorten zu einem einzigen System läßt sich aus den Einlösungsvorschriften jedenfalls nicht ableiten, wie dies von metallistischer Seite angenommen wird[33].

Bei der Schaffung von Zahlungsmitteln walten vorwiegend Zweckmäßigkeitsgründe ob, vor allem auch bei Scheidegeld, da das Geld ja nur technisches Mittel zur Bewältigung des Güterwertverkehrs ist.

Zusammenfassend kann als Charakterisierung des Geldsystems und der Währung im Deutschen Reich vor dem Kriege folgendes gesagt werden:

Goldmünzen als gesetzliches Zahlungsmittel empfahlen sich aus praktischen, staatspolitischen und empirischen Gründen. Scheidemünzen waren notwendig für den Kleinverkehr; ihre Ausgestaltung richtete sich vor allem nach den besonderen Erfordernissen des häufigen Händewechsels. Dem Bedarf nach Zahlungsmitteln, die auf größere Beträge lauten, trugen die Banknoten Rechnung; daneben bestanden die Reichskassenscheine, die zum besonderen Zweck des Ersatzes von Landespapiergeld geschaffen wurden.

Die Chrysodromie war vorwiegend empirisch begründet;

---

[31]) Nußbaum, Das Geld in Theorie und Praxis des deutschen und ausländischen Rechts, Tübingen 1925, Seite 32.

[32]) Hans Deckert, Die Notendeckungsvorschriften der wichtigsten Zentralnotenbanken, Berlin 1926, Seite 64 ff.

[33]) Vgl. oben III B, 5.

im Hinblick auf die Sicherheit der Währung sollte alles getan werden, was sich schon irgendwo bewährt hatte! Ja, man tat sogar noch mehr: um die Vollwichtigkeit der umlaufenden Goldmünzen nahezu absolut zu garantieren, belastete man das Reich mit den Kosten der Abnutzung, indem man auch den über das Passiergewicht hinaus abgenutzten Goldmünzen Geltung zum Nennwert bei den öffentlichen Kassen verlieh, während in England, dem Vorgängerland, der Einbringer von zu leicht gewordenen Münzen den Verlust tragen mußte — was zur Folge hatte, daß »jeder kundige Geschäftsmann« es deshalb »sorgfältig« vermied, »zu leicht gewordene Goldstücke bei der Bank einzuzahlen, und je abgenutzter ein Goldstück, desto hartnäckiger verbleibt es in der Regel im sonstigen Verkehre[34])«.

Nach dieser Darstellung der geschichtlichen Zusammenhänge bei der Schaffung der deutschen Goldwährung kann nun wieder zur allgemeinen Betrachtung zurückgegangen werden. —

Da der dieser Arbeit zugrunde liegende Währungsbegriff sich vor allem auf die dromischen Beziehungen des Geldes zum Währungsmetall stützt, ist nunmehr der Chrysodromie — oder besser: der Bedeutung des durch sie erzielten festen Goldpreises für die Preisbildung der übrigen Güter — die Hauptaufmerksamkeit zuzuwenden. Die Frage läßt sich auch so stellen: Der Charakter der Ware Gold als allgemeines Preisgut soll nachgewiesen werden; diese Seite des Sachverhaltes steht in unmittelbarer Berührung mit der zuerst genannten: der Bedeutung des festen Goldpreises für die Preisbildung.

Ganz allgemein ist die Zugehörigkeit der Preise zu einem einheitlichen Preissystem äußerlich erkennbar an dem gemeinsamen Namen, auf den sie lauten: die Preiseinheit. Die sich unaufhörlich erneuernden Preise entstehen aus Wertvergleichen, für die die vorhandenen Preise derjenigen Waren, die im Interessenbereich der preisbildenden Parteien liegen, die Vergleichsgrößen sind. Darauf wurde schon oben bei der Untersuchung der Makutenrechnung (III B, 3 b) hingewiesen. »Preisgüter« sind demnach sehr viele vorhanden; wie kommt es nun, daß bei der Goldwährung mit Recht das Gold als allgemeines Preisgut angesehen wird?

Solange es keine Währung gibt, solange also z. B. nur Münzsysteme mit Edelmetallmünzen bestehen, stellen diese Edelmetallmünzen als morphisch-pensatorische Zahlungsmittel selbst das allgemeine Tauschgut dar[35]), die Preise richten sich

---

[34]) Soetbeer, Deutsche Münzverfassung, 1874, Seite 59.

[35]) Vgl. Knapp, Staatliche Theorie, 1921, Seite 3: »Das allgemeine Tauschgut ist dann eine Einrichtung des sozialen Verkehrs, es ist ein

also von vornherein nach dem betreffenden Metall, — das eine Mal nach dem Gold, das andere Mal nach dem Silber. Wird dann z. B. zur Silberwährung übergegangen, dann bleiben alle die Preisrelationen unberührt, die sich schon ohnehin auf das Silber bezogen, während alle vorherigen Preise »in Gold« durch Erweiterung mit demjenigen Faktor, der angibt, wieviel mal mehr wert etwa 1 kg Gold als 1 kg Silber ist, zu Preisen »in Silber« werden. Auf einem solchen Vorgang beruhte die Entstehung der Talerwährung in Deutschland, deren letzte hylodromische Norm »30 ein Pfund fein« war, da durch die lytrische Verwaltung tatsächlich erreicht wurde, daß ein Pfund Feinsilber stets nahezu 30 Taler kostete[36]).

Um zu zeigen, wie aus diesen »Silberpreisen« nach der Einführung der Goldwährung »Goldpreise« wurden, ist auf die Entstehung der hylodromischen Norm »1 Pfund Feingold kostet 1395 Mark« näher einzugehen.

Die Wahl dieses Preises ist durch zwei Faktoren bedingt: erstens war man dahin übereingekommen, einen »Dritteltaler« zur neuen Währungseinheit zu machen; das hieß aber nichts anderes, als die bisherige Norm »30 ein Pfund fein« umzuwandeln in eine, die »90 ein Pfund fein« gelautet haben müßte, wenn nicht zweitens vom Silber zum Gold hätte übergegangen werden sollen. Und da war eine der Hauptfragen die: welche zahlenmäßige Relation zwischen Gold und Silber sollte für die Änderung der Silber- in die Goldwährung gewählt werden?

Die weitverbreitete Ansicht war, daß allein das der französischen Doppelwährung zugrundeliegende Verhältnis 15,5 : 1 für den Übergang das gegebene sei, — hatte dieses sich doch seit Anfang des Jahrhunderts im Durchschnitt erhalten! Aber die einzige von der Theorie aus vertretbare Meinung äußerte Bamberger: »Ich bin der Ansicht, daß weder rückwärtsgehende Durchschnittsnormen noch vorwärtsgehende Berechnungen zu entscheiden haben, in welcher Proportion dieser Übergang gegriffen werden soll, sondern einzig und allein der Moment, in dem der Übergang bewerkstelligt wird. Wenn ich sage: der Moment, so meine ich natürlich nicht die Sekunde, ich meine aber nach der menschlichen Berechnung denjenigen letzten Zeitpunkt, in dem man, ohne die Sache allzu sehr auf die Spitze zu stellen, eine Preisangabe fixieren kann. . .[37])«, und er führte dann weiter aus: ». . . was sagt der Moment? Durch einen merkwürdigen Zufall spricht er auf ein Haar heute gerade

Gut, das eine bestimmte Verwendung in der Gesellschaft erlangt hat, zuerst durch Sitte, dann durch Recht.«

36) Vgl. oben IV B, 2 (Exkurs).

37) Bamberger, Ausgew. Reden und Aufsätze über Geld- u. Bankw. Seite 207.

übereinstimmend mit der Vorlage der Regierung...[38])«. Der Präsidialantrag vom 10. Oktober 1871 legte seinen Umrechnungen das Verhältnis 1 : 15,5 zugrunde, und dies entsprach ungefähr dem auf dem Londoner Edelmetallmarkt herrschenden[39]). Es sollten demnach aus 1 Pfund Feingold $15^1/_2$mal soviel Taler nominal geprägt werden als aus 1 Pfund Feinsilber. Bisher galt die Norm »30 ein Pfund fein«, die als Umschrift auf jedem Talerstück den Münzfuß angab; als Hauptmünze war jetzt ein Goldstück vorgesehen, das 10 Talern entsprach — also einem Drittelpfund feinen Silbers —, und 30 Mark gelten sollte. Daraus ergab sich die Rechnung: $^1/_3$mal $15,5 = {}^1/_{46,5}$, weswegen die erste Bestimmung des Präsidialantrags lautete: »Es wird eine Reichsgoldmünze ausgeprägt, von welcher aus einem Pfunde feinen Goldes 46 $^1/_2$ Stücke ausgebracht werden[40]).

Als dann die Einführung des Dezimalsystems im Geldwesen beschlossen wurde und daher ein Zehnmarkstück als Hauptmünze vorgesehen war, konnte der Gesetzentwurf die endgültige Norm aufstellen, indem er bestimmte: »Es wird eine Reichsgoldmünze ausgeprägt, von welcher aus einem Pfunde feinen Goldes 139 $^1/_2$ Stück ausgebracht werden[41]).«

Wesentlich sind die beiden rekurrenten Anschlüsse, die sich hierbei vollzogen:

erstens der nominelle: 1 Mark = $^1/_3$ Taler (nach Knapp die »historische Definition« unserer Währungseinheit, die bis zum 30. August 1924 gegolten hat);

zweitens der materielle: d. h. der Anschluß, der dem Edelmetallmarkt entnommen wurde in Form der Relation des Goldpreises zum Silberpreis = $15^1/_2 : 1$, aus welcher sich die Mengenäquivalenz von 1 Pfund Gold = $15^1/_2$ Pfund Silber ergibt.

Dieser letztere Anschluß ist für Knapps Staatliche Theorie belanglos — vom rein nominalistischen Standpunkt aus durchaus zu begreifen, ja notwendig! Wenn hier jedoch versucht wird, Erscheinungen auf dem Gebiete des Geldwesens allein aus der

---

[38]) a. a. O. Seite 208.

[39]) Allerdings ergibt sich dies Verhältnis am ehesten bei einem Silberpreis von $60^1/_4$ d per oz. stand. (bei dem festen Goldabgabepreis der Bank von England von 77 sh $10^1/_2$ d p. oz. stand.), während nach den »Berichten der Bullion brokers Pixley & Abell« (abgedruckt in Helfferich, Die Reform des deutschen Geldwesens, 1898, Band 2, Seite 17) im November 1871 sich der niedrigste Preis für Silber auf $60^5/_8$ d stellte, woraus sich ein Verhältnis von 1 : 15,4 errechnen läßt.

[40]) Vgl. Helfferich, Die Reform des deutschen Geldwesens, 1898, Bd. 2, Beiträge zur Geschichte der deutschen Geldreform, Seite 163.

[41]) ebenda.

Preisgestaltung zu erklären, so ist in diesem Falle — bei einem Währungswechsel also — das Hauptaugenmerk vor allem auf den Übergang von dem einen zum anderen Währungsmetall zu richten. Und wenn es sich bei beiden sich ablösenden Preisgütern um solche handelt, die auf dem Markt sind — und nur solche lassen sich ja eigentlich als Preisgut geeignet vorstellen! — so ist es ohne weiteres einleuchtend, daß das Marktpreisverhältnis der beiden Güter zueinander gewählt wird, da dieses den Kontakt zwischen dem alten und dem neuen Preissystem darstellt, so daß sich die Relationen der übrigen Preise zum Gold wegen des Währungswechsels nicht zu ändern brauchen, und das ist natürlich von großer praktischer Bedeutung. Es erübrigen sich dann alle Umrechnungen, die sich aus einer gewaltsamen Veränderung der Preisproportionen zwischen Silber und Gold einerseits und zwischen dem Gold und den übrigen Waren auf der anderen Seite ergeben würden.

Aber noch aus einem anderen Grunde rechtfertigt sich dieser »schwebende« Übergang. Im besonderen Fall des deutschen Währungswechsels von 1871 hatte das zunächst in akzessorische Stellung rückende Goldgeld gegenüber dem noch in valutarischer Stellung verbleibenden Silbertaler kein Agio. »Solche schwebende Übergänge ... werden in der Regel als störungslos empfunden, indem man von der Betrachtung ausgeht: das neue Geld ist, im Augenblick seiner Einführung, weder »unterwertig«, noch »überwertig« — im Vergleich zu dem Zustande vor der Änderung — sondern gleichwertig«[42]). Knapp gibt bei der Behandlung dieses Übergangs im Deutschen Reich von 1871 bis 1876 folgende »chartalistische Begründung« (Seite 336f.): »Chartalistisch hätte man den Schritt so begründen müssen: Bisher war unser Geld, aus Silberstücken bestehend, argyrodromisch verwaltet; jetzt hingegen wollen wir zu einem chrysodromischen Geldwesen übergehen, und zwar durch Vermittlung des Kronengeldes, dem wir die Chrysodromie verschaffen. Damit nun der Übergang von der Argyrodromie zur Chrysodromie ohne Ruck, also im Anschluß an das gerade damals (1871) bestehende Wertverhältnis sich vollziehe, muß für das neu zu schaffende Kronengeld der Münzfuß gewählt werden, welcher in der Tat gewählt worden ist: 1395 Mark in Kronengeld aus dem Pfunde feinen Goldes.« Hierbei ist der Münzfuß dadurch begründet, ..»daß die Wahl eines anderen Münzfußes einen Ruck im Wechselkurse zwischen England und dem Deutschen Reich hervorgebracht hätte; dieser wirklich gewählte Münzfuß aber verbürgte die Fortdauer des damals bestehenden Wechselkurses, genauer intervalutari-

[42]) Knapp, Staatliche Theorie, 1921, Seite 188.

schen Kurses[43])«... und damit auch der im Inland bestehenden Preisrelationen aller Waren und Dienstleistungen, möchte ich hinzusetzen.

Daraus, daß Knapp seine chartalistische Begründung auf das Moment der dromischen Verwaltung des Preisgutes stützt, geht hervor, daß sich die Wahl des Münzfußes nicht vollkommen — oder überhaupt nicht — theoretisch erklären läßt, denn man wird nicht behaupten können, daß die Rücksicht auf die Wechselkursbewegung eine allgemein notwendige, d. h. eine aus logischen Gründen zu fordernde ist. Die Sorge, beim Währungswechsel einen »Ruck« im Wechselkurs zu vermeiden, ist währungspolitisch, entspricht aber durchaus dem Wesen der gebundenen Währung, das ja in der gleichbleibenden Preisgrundlage besteht, deren Folge das stabile Preissystem ist, was uns dann als »Stabilität des Geldwertes« entgegentritt.

Die Wahl eines anderen Übergangsverhältnisses (das also nicht der Marktlage entsprochen hätte) wäre nur möglich gewesen, wenn man die neuen Goldmünzen sofort zu valutarischem Gelde hätte machen wollen, was ja erst im Jahre 1876 geschah. Wenn das Gold im Jahre 1871 billiger als zum Börsenpreis normiert worden wäre, wenn also statt 1 : 15,5 nur 1 : 15 genommen worden wäre, so hätte das bedeutet, daß 1 Pfund Gold statt in 1395 Mark nur in 1350 Mark ausgeprägt wurde, was den Goldmünzen schon bei der Herstellung ein Agio den Silbermünzen gegenüber verschafft hätte; das hätte aber eine merkwürdige, ja eine der lytrischen Logik — wenn der Ausdruck erlaubt ist —, widersprechende Handlung des Staates vorausgesetzt; denn »akzessorische Stücke mit positivem Agio werden vom Inhaber, wenn er nach seinem Vorteil verfährt, immer platisch (als Waren) verwendet und niemals lytrisch (d. h. Zahlungsmittel)[44])«. — Hätte der Staat das Marktverhältnis des Gold- und Silberpreises für den Währungswechsel nach der anderen — für das Gold günstigen — Seite geändert, es also etwa mit 1 : 16 gewählt, dann wäre der »spezifische« Gehalt (vgl. Knapp S. 48) der neuen Reichsgoldmünzen zu gering gewesen, nämlich statt $^1/_{1395}$ nur $^1/_{1440}$, und das Publikum hätte sich wegen ihres Disagios geweigert, sie anzunehmen, was ja wiederum wegen ihrer akzessorischen Stellung möglich gewesen wäre.

Im ersten angenommenen Falle wären die Reichsgoldmünzen zwar gern genommen worden, dann aber aus dem Zahlungsverkehr verschwunden, — im zweiten Falle dagegen wäre schon ihre Annahme beim Publikum gefährdet gewesen. Um also die akzessorischen Goldmünzen mit Barverfassung in das

[43]) Knapp, Staatliche Theorie, 1921, Seite 337.
[44]) Knapp, Staatliche Theorie, 1921, Seite 147.

Geldsystem aufzunehmen, mußte sich ihr spezifischer Gehalt zu dem der vollwertigen[45]) Taler wie $15^1/_2 : 1$ verhalten; auf 1 Mark der Geltung kam bei den Goldmünzen $^1/_{1395}$ Pfund Feingold, bei den Talern $^1/_{90}$ Pfund Feinsilber.

Es ließe sich also ein allgemeiner Satz etwa folgendermaßen aufstellen:

Bei einem Wechsel von einer Metallwährung zu einer anderen kann die neue Währungseinheit in ein beliebiges zahlenmäßiges Verhältnis zu der alten gesetzt werden; sollen jedoch aus dem neuen Währungsstoff Münzen mit Barverfassung als akzessorische Zahlungsmittel neben den alten valutarischen Münzen aus dem anderen Währungsstoff geprägt und in Umlauf gesetzt werden, so tritt neben die beliebige Wahl des rekurrenten Anschlusses an die alte Währungseinheit noch die Bestimmung der hylogenischen Norm durch das Preisverhältnis der beiden Währungsmetalle auf dem Markt. Auf diese Weise werden die Preise der übrigen Waren zur Ware Gold in Beziehung gesetzt: das ganze Preissystem wird sozusagen vom Silber auf das Preisgut Gold umzentriert. —

Daß das Gold von 1871 ab im Deutschen Reich das Preisgut war, geht auch aus folgendem hervor:

1. Mit der Ausprägung von Reichsgoldmünzen wurde gleichzeitig die Ausprägung der bisher baren Talerstücke eingestellt (Gesetz, betr. die Ausprägung von Reichsgoldmünzen vom 4. 12. 1871, § 10). Dadurch wurde die Beziehung zwischen der Währungseinheit und dem Silber aufgehoben; der Silberpreis geriet in Bewegung, die fortan am Gold »gemessen« wurde, da der Goldpreis dank der Hylodromie auf seiner Höhe von 1395 Mark für das Pfund fein gehalten wurde und damit als Pegel gelten konnte. — 2. Hatte zur Zeit der Silberwährung das Preisverhältnis der beiden Edelmetalle einen Einfluß auf den Wechselkurs eines Goldwährungslandes (z. B. des englischen Pfundes), so wurde mit Einführung der Goldwährung der Wechselkurs von dem Faktor der Preisverschiebung zwischen Gold und Silber »gereinigt«. Andererseits wurden bei Wareneinfuhr aus Silberwährungsländern diese Silberpreise wiederum durch den Wechselkurs auf Goldpreise umgeformt. —

Das Preisgut Gold ist — wie schon früher bemerkt — nicht in jedem einzelnen Preis unmittelbar als Vergleichsgut nachweisbar oder erkennbar. Wohl aber mittelbar: durch die Beziehungen, die sich fast in jedem Fall zwischen der einzelnen

---

[45]) Aus den bisher »baren« Talern wurden zunächst nur »vollwertige«, da für sie die hylogenische Norm wegfiel, ihre Ausprägung wurde gesperrt. Vgl. unten!

Ware und einem oder mehreren Gütern des Weltmarktes feststellen lassen, ergibt sich ohne weiteres, daß das Gold als Ware beim Zustandekommen der einzelnen Preise »beteiligt« ist; denn wenn auch nicht Gold als Gegenleistung für die Ware hingegeben wird, so ist doch das Gold für die Goldwährungsländer der gemeinsame einheitliche Beziehungsgegenstand für alle deren Währungseinheiten, auf die die Preise lauten. Und die Zahlungsmittel — gleichgültig welcher Art — stehen untereinander in Verbindung durch die verschiedenen hylogenischen Normen, die in ihrer Kette den Weltmarktpreisen von seiten des Goldes einen festen Halt geben. Diese Reihe der hylogenischen Normen zeigte sich bis vor dem Krieg als Reihe der Münzparitäten, da die meisten Goldwährungsländer bare Goldmünzen als valutarische Geldart hatten. Wenn auch die mannigfachen pantopolischen Beziehungen der Länder zueinander die Wechselkurse änderten, so daß sie von dem Pari abwichen, so stellten doch die Münzparitäten die »goldene« Linie dar, von der aus die Änderungen vor sich gingen, und die man immer wieder zu erreichen strebte.

Auf welche Weise man dies versuchte, soll sogleich untersucht werden.

Es heißt dies die Frage stellen: Wie wird dem allgemeinen Preisgut, dem Gold, sein Preis erhalten? Denn die Ware Gold ist erstens nicht »wertbeständig«, und zweitens wäre ja die nominale Währungseinheit in jedem einzelnen Preis irgend einer Ware schließlich ebenso bestimmt wie im besonderen Preis des Goldes. Die zahlenmäßige Verknüpfung der Währungseinheit mit dem Gold ist von selbst absolut keine feste und unveränderliche wie früher einmal, wo sie einen Gewichtsteil Gold bedeutete. —

Die »Preisbeständigkeit« des Goldes ergibt sich aus verschiedenen Maßnahmen, die ihretwegen ergriffen werden.

Da ist zunächst die Hylodromie. Da sie jedoch schon oben (IV B, 2 Exkurs) bei der Darstellung der deutschen Goldwährung ausführlich geschildert wurde, kann hier kurz über sie hinweggegangen werden. Ihr Wesen besteht in der zweifachen Sicherung des Preises für Gold: einmal durch die Pflicht des Staates (oder seines mit dieser Pflicht betrauten Organs, z. B. der Reichsbank), Gold zum Preis von 1395 Mark für das Pfund fein in jeder Menge anzukaufen — was durch die private Prägefreiheit zum Ausdruck kam —, und zweitens durch die Pflicht, Gold zum festen Preis von 1395 Mark für das Pfund fein in jeder Menge zu verkaufen — was durch die Einlösung von Banknoten, Reichskassenscheinen und Scheidemünzen (letztere von einem gewissen Mindestbetrag ab) und die hylophantische Norm, bei der die Toleranz eine Rolle spielte, gewährleistet war. Damit macht sich der Staat selbst zum mächtigsten, einflußreichsten Edelmetallhändler innerhalb seiner Grenzen.

Aber der einzelne Staat ist nicht souverän in Dingen, die dem Bereich der Wirtschaft angehören. Und fast kein Strich der Erde ist in wirtschaftlichen Dingen noch absolut selbständig geblieben. Über allen durch Staatsgrenzen voneinander getrennten Wirtschaften breitet sich verbindend die Weltwirtschaft — ein Gebilde, das ganz besonders die wirtschaftlich hochentwickelten Länder aufs stärkste voneinander abhängig macht, weil dank dieser Organisation des weltwirtschaftlichen Verkehrs die Arbeitsteilung am weitesten getrieben werden kann: die Spezialisierung greift über die Grenzen, sie wird unter den einzelnen Gebieten nach deren besonderen geographischen und ethnologischen Vorzügen weitergeführt, durch die sie ja auch hervorgerufen worden war. So gibt es sehr viele Gegenstände, an deren Preisbildung mehrere staatlich begrenzte Wirtschaften beteiligt sind. — Und zu diesen Dingen gehört auch die Ware Gold.

Wenn somit ein Land für seinen Verkehr im Innern einen festen Preis für Gold erhalten will, so ist es nicht unabhängig von anderen Ländern, die vielleicht für sich dieselbe Absicht verfolgen und womöglich Herren der Produktion dieses wichtigen Gutes sind. — Das Interesse der lytrischen Verwaltung hat sich dann darauf zu richten, das ausländische Geld in dem durch die gemeinsame Preisgrundlage Gold geschaffenen Verhältnis zum eigenen Geld zu erhalten, wenn die Voraussetzungen für die Hylodromie und deren Wirksamkeit erfüllt bleiben sollen. Denn das Gold ist eine Ware des freien Verkehrs wie jede andere; würde der Preis im Inland, der sich aus dem zufälligen intervalutarischen Kurs zwischen zwei Goldwährungsländern ergäbe, vom »natürlichen Pari«[46]) abweichen, so bedeutete das eine Verschiebung der Preisgrundlage für diejenigen Waren, die in der betreffenden anderen Währungseinheit zu bezahlen sind. In diesem Falle kommen die Interessen der Privatwirtschaften zugunsten der Währung zum Austrag; man spricht hier von der »automatischen Regelung« des intervalutarischen Kurses, die sich folgendermaßen vollzieht:

Steht z. B. der Kurs des amerikanischen Dollars an der Berliner Börse (um einen sogleich näher zu bestimmenden Betrag) unter Pari, so wird es für die Kaufleute in den Vereinigten Staaten vorteilhafter, ihre Schulden an deutsche Lieferanten durch Goldsendungen zu begleichen, da dieses Gold zum festen Preis von 1395 Mark in Geld verwandelbar ist; die aus Deutschland bezogenen Waren wären den Amerikaner teurer

---

[46]) Knapp, Staatliche Theorie, 1921, Seite 240.

zu stehen gekommen, wenn er an der New Yorker Börse deutsches Geld gekauft hätte. Wenn auf diese Weise — nämlich durch Gold — gezahlt wird, so vermindert sich dadurch die Nachfrage nach deutschem Geld, und der Kurs auf Berlin an der New Yorker Börse kann (und wird im allgemeinen) auf den Paristand zu sinken, was man mit der »automatischen Regelung« meint.

In diesem Falle hatte der Dollar in Berlin den unteren Goldpunkt (oder den Goldimportpunkt) unterschritten, was sich etwa so ausdrücken läßt:

Dollarkurs < Pari — Versendungs-, Versicherungs- und sonstige Kosten — Zinsen für die Zeit des Transportes von Gold nach Deutschland.

In New York dagegen hatte die Mark den oberen Goldpunkt (oder Goldexportpunkt) überschritten, was sich so darstellen läßt:

Markkurs > Pari + Versendungs-, Versicherungs- und sonstige Kosten + Zinsen für die Zeit des Transportes von Gold nach Deutschland.

Die Ausnützung dieser Kursschwankungen ist ein Haupttätigkeitsfeld der Arbitrageure, vor allem der Goldarbitrageure, deren Erwerbsstreben sich hier sichtbar im »volkswirtschaftlichen Interesse« auswirkt!

Diese automatische Regelung muß nicht unbedingt und immer eintreten, manchmal bleibt diese Goldarbitrage unwirksam; z. B. dann, wenn es die sonstigen pantopolischen Beziehungen zweier Länder zueinander nicht zulassen, was auch schon häufig der Fall war. Gesetzt den Fall, an der Berliner Börse stiege das Angebot an Wechseln auf New York stärker als die Nachfrage in New York nach Wechseln auf Berlin fiele, dann träte der Ausgleich, d. h. die Rückkehr zum Parikurs, durch die Goldarbitrage — d. h. hier Goldsendung von Amerika nach Deutschland — nicht ein. Dann hat die »exodromische Verwaltung«[47]) einzusetzen, wenn dem Preissystem das stabile Fundament nicht geraubt werden soll. Die Mittel zu diesem Zweck sind einmal die Diskontpolitik der Zentralbank und dann die Devisenpolitik der Zentralbank oder des Staates selbst.

Die Diskontpolitik macht ihren Einfluß auf die Kreditgewährung und -beanspruchung geltend, indem eine Diskonterhöhung Kapital anlockt, insbesondere auch vom Ausland, wenn eine Zinsdifferenz besteht. Damit entsteht eine Nachfrage nach Zahlungsmitteln des Landes, dessen Kurs der ungünstigere war und das deswegen die Diskonterhöhung vorgenommen hatte, und die Kursbildung erhält dadurch einen kurssteigernden Fak-

[47]) Knapp, Staatliche Theorie, 1921, Seite 236 ff.

tor; ...»es kann wohl sein, daß nun der Valutakurs sich wieder auf Pari stellt. Aber er tut es nicht automatisch, sondern durch bewußten Eingriff«[48]).

Die Devisenpolitik verfolgt das gleiche Ziel, jedoch auf wieder anderem Wege: Die Zentralbank des Landes, dessen intervalutarischer Kurs gegenüber einem bestimmten anderen die Tendenz hat, unter Pari zu stehen, kauft Wechsel auf dieses betreffende Land, um sie im entscheidenden Augenblick — nämlich dann, wenn die »natürlichen« pantopolischen Beziehungen den eigenen Kurs zu senken drohen — anzubieten und so das Fallen des Kurses aufzuhalten oder sogar ins Gegenteil zu verkehren. (Auf diesem Verfahren beruhte die Aufrechterhaltung eines nahezu stabilen Kurses zwischen Österreich und Deutschland vor dem Kriege. — Gerade in diesem Fall ist noch das eine bemerkenswert, daß die Kursregulierung durch das Gesetz vom 8. August 1911 der österreichisch-ungarischen Bank zur Pflicht gemacht worden ist, die bis dahin (seit 1896) freiwillig diese Kursregelung auf sich genommen hatte[49]).

Die Einwirkung auf den Kurs durch Devisenpolitik ist nicht auf die Bank beschränkt, sie kann auch von Staats wegen erfolgen, wie es uns Knapp (nach Kalkmann, Untersuchungen über das Geldwesen der Schweiz, St. Gallen 1900, S. 89) an dem Beispiel des russischen Fiskus in den Jahren 1892—1894 darstellt[50]).

Daß die einzelnen Verfahrensweisen Kosten verursachen, die im Fall der Diskonterhöhung von den Kreditnehmern, im Fall der Devisenpolitik einmal von der Zentralbank, das andere Mal vom Fiskus getragen werden müssen, ist klar.

Und gerade aus diesen »Opfern« (Knapp) ist zu ersehen, welche Bedeutung einer möglichst stabilen Preisgrundlage zuerkannt wird, die allein eine sinnvolle wirtschaftliche Rechnung ermöglicht, ein Kalkulieren mit gegenwärtigen Preisen für die Zukunft. Eine gleichbleibende Grundlage für alle Preisbildungen hat zur Folge, daß alle Veränderungen, die man gemeinhin als »Kaufkraftänderungen des Geldes« bezeichnet, als Preisänderungen der wirtschaftlichen Güter zu gelten haben, die sich aus irgendwelchen Verschiebungen ihrer eigenen Preisbestimmungsgründe ergeben. Einbezogen sind hier — wie immer, wenn von »Gütern« die Rede ist — natürlich auch die Preise für alle Kategorien von Arbeit, die ja den gleichen Bedingungen unterliegen wie die übrigen Preise. (Darüber hinaus läßt sich aus dieser Erkenntnis folgern, daß auch in einem Geldwesen ohne »preisfestes Preisgut«, wenn ich einmal so sagen darf, kein

[48]) ebenda Seite 244.
[49]) Knapp, Staatliche Theorie, 1921, Seite 433 f.
[50]) ebenda Seite 248 f.

eigentlicher »Geldwert« da ist, der »steigt« oder »fällt«; auch da sind es die sinkenden oder steigenden Preise, die uns — praktisch! — einen solchen vortäuschen. Die Theorie kann aber auskommen ohne solche Begriffe, die einfache Tatsachen zu verdunkeln imstande sind, wie dies häufig das Los des Wortes Geldwert ist.)

Über die praktische Fiktion des »festen Geldwertes« möchte ich hier noch zwei Sätze zitieren, die den Gedanken gut zum Ausdruck bringen: »Man bedenke einfach, daß das Maß der durch die Zahlung gewährten Kaufkraft bei dem Vertragsabschluß doch unbekannt war, daß die sog. Preisänderungen des Geldes im Laufe der Zeit beim Vertragsabschluß ignoriert wurden, nicht weil man fest glaubte, daß solche nicht eintreten würden, sondern weil man sie ignorieren mußte, um überhaupt Geschäfte abschließen zu können.« ... »Zahlenmäßig fixierte Geldsummen werden vom Verkehr als quantitativ unwandelbare Kaufkraft fingiert, damit man rechnen kann [51]).« Diese Sätze scheinen mir den Kern der Sache zu treffen. Allerdings glaube ich, wie aus dem Vorausgehenden zu ersehen war, daß der Grund für die Wahrheit dieser Gedanken — oder besser: die Rechtfertigung für die Handlungsweise der Vertragschließenden in der gebundenen Währung liegt, die die Gewähr dafür bietet, daß diejenige Ware, die als allgemeiner Vergleichsgegenstand — sei es als direkter, sei es als indirekter — in ihrem Preis unverändert bleibt und damit dem Preissystem den Halt gibt, den wir als »festen Geldwert« beurteilen könnten. Die Preisänderungen, die sich innerhalb des Preissystems ergeben, können unter diesem Gesichtspunkt nicht als »Geldwertänderung« angegesehen werden.

(Über den Begriff des »Geldwertes« wird im Schlußabschnitt noch die Rede sein.)

Als Wesen der geschilderten Goldwährung ergibt sich nun kurz zusammengefaßt folgendes:

Sie ist ein Zustand des Geldwesens, in dem der Ware Gold ein fester Preis erhalten wird und sich unter den Zahlungsmitteln solche aus Gold und solche aus anderen Stoffen befinden. Alle diese Geldarten erhalten ihre Geltung durch den Staat (nicht ihren »Wert«, wie man Knapp ab und zu irrtümlicherweise ausgelegt findet). Die Einlösbarkeit der akzessorischen Geldarten in das einzige valutarische Geld, die Goldmünzen, kann nicht als notwendige Begründung dafür gelten, daß beide Geldarten — bare und notale — nebeneinander im Verkehr bleiben, daß also die notalen Geldsorten ihren »Wert« von den Goldmünzen »herleiten« und nur deswegen die-

[51]) Held, Noch einmal über den Preis des Geldes, J. f. N. Bd. 9 1871, Seite 338 f.

sen gleichgeachtet werden. Schon die Tatsache, daß der Goldbestand nie ausgereicht hätte, um die gleichzeitige hundertprozentige Einlösung der gesamten akzessorischen Geldarten in Goldmünzen zu gewährleisten, zeigt, daß der Grund der »Einlösbarkeit« theoretisch wenigstens nicht zulänglich ist, um den »Wert« der akzessorischen Geldarten auf diese Weise glaubhaft zu machen, geschweige denn, ihn zu erklären! — Das, was uns im praktischen Leben als »stabiler Geldwert« erscheint, ist das durch Hylodromie und Exodromie geregelte Preissystem unserer Wirtschaft. —

### 3. Preisgut Gold (oder Devisen), Zahlungsmittel mit Notalverfassung (Beispiel: Deutsche Währung seit 30. 8. 1924).

In diesem Fall soll die heutige deutsche Währung als Beispiel dienen, die mit den Gesetzen vom 30. August 1924 rechtlich geschaffen wurde. Sie wird gemeinhin Goldkernwährung genannt zum Unterschied von der vorher behandelten »Goldumlaufswährung«. Ob und inwieweit diese Unterscheidung mit Rücksicht auf den Begriff der gebundenen Währung überhaupt gerechtfertigt ist, bleibt zu untersuchen.

Die Voraussetzungen, die oben (IV B, 2) gemacht wurden, gelten auch hier. —

Die Darstellung dieser Währungsart kann sich auf die Hervorhebung der Unterschiede gegenüber der unmittelbar vorher geschilderten »Goldumlaufswährung« beschränken.

Als Merkmale jener Währung wurden 1. in valutarischer Stellung befindliche Goldmünzen, 2. Chrysolepsie und 3. Chrysophantismus angeführt. Auf diese Merkmale ist die Goldkernwährung nun im einzelnen zu prüfen.

1. Dem Münzgesetz vom 30. 8. 1924 nach sind Goldmünzen und die Noten der Reichsbank gesetzliche Zahlungsmittel, außerdem die Scheidemünzen bis zu den kritischen Beträgen (§ 5). Da bisher die Ausprägung von Goldmünzen noch nicht aufgenommen wurde, und alte Goldmünzen auch nicht in den Verkehr gelangten, bleibt als alleiniges vom Staate unbeschränkt aufgedrängtes Geld die Reichsbanknote übrig. (Aus diesem Grunde wäre die »Goldkernwährung« besser durch den nicht-bildlichen Ausdruck »Goldwährung mit valutarischem notalen Geld« bezeichnet — wennschon die platische Beschaffenheit des valutarischen Geldes der Währung den Namen geben soll.) Im Hinblick auf dieses erste Merkmal bleibt somit die Frage, ob Goldwährung vorliegt, noch offen. Die Entscheidung darüber liegt daher bei den beiden anderen Kennzeichen.

2. Ist Chrysolepsie bei der Goldwährung mit valutarischem Papiergeld vorhanden? Ja, jedoch noch nicht in derselben

Form wie in der »Goldumlaufswährung«, denn — wie eben gesagt — ist die gesetzliche Bestimmung, daß Goldmünzen ausgeprägt werden sollen, noch nicht zur Tatsache geworden. Damit ist aber keineswegs ein unbedingter Mangel für die hylodromische Politik verbunden; diese kann vielmehr ihr Ziel auch ohne Goldmünzen verfolgen, indem die Reichsbank ihrer Verpflichtung, »Barrengold zum festen Satze von 1392 Reichsmark für das Pfund fein gegen ihre Noten umzutauschen« (§ 22 des Bankgesetzes vom 30. 8. 1924) nachkommt.

Knapp hat diese Art der Hylolepsie in sein System eingegliedert, indem er in der begrifflichen Bestimmung der hyloleptischen Norm offenläßt, in welche Art von Geld das dargebotene hylische Metall verwandelt wird; er sagt ganz allgemein: »Die hyloleptische Norm bestimmt, daß jede dargebotene Gewichtseinheit des hylischen Metalls verwandelt wird in soundso viele Werteinheiten (z. B. in 1392 Mark) [52].« Diese »Werteinheiten« sind gegenwärtig in Deutschland nur mit notalen Zahlungsmitteln »verbunden«, daher geschieht der Ankauf durch Reichsbanknoten. (Das Wort im Text des Gesetzes »umzutauschen« ist vielleicht nicht ganz glücklich gewählt, denn es handelt sich tatsächlich von seiten der Bank um einen Kauf.)

Mit dem im Bankgesetz festgelegten Ankaufspreis ist die untere Preisgrenze für das Gold genau so fixiert wie durch die Ausprägung von Goldmünzen zu festem Satze.

3. Gibt es eine dem Chrysophantismus entsprechende Einrichtung in der Goldkernwährung? Auch eine solche ist vorhanden: die Reichsbank gibt auf Grund der näheren Bestimmungen des § 31, Abs. 2, Ziff. 2 des genannten Bankgesetzes Goldbarren in derselben Feinheit, wie sie für die Goldmünzen vorgeschrieben ist, ab. Damit ist der Arbitrage vollauf gedient, zumal ja auch früher Goldbarren versandt wurden oder Goldmünzen, für deren Menge aber nicht die Stückzahl, sondern ihr Gewicht entscheidend war. Das Wichtige ist: dem Goldpreis wird dadurch auch die obere Grenze gegeben.

Aus diesen Tatsachen geht hervor, daß das Deutsche Reich gegenwärtig eine Goldwährung hat, wenn auch nicht im platischen, so doch im dromischen Sinn, was für die hier gewählte Betrachtungsweise das Entscheidende ist. Dem Gold ist ein fester Preis gesichert, so daß es als stetige, gleichbleibende Preisgrundlage dienen kann, womit der Zweck der gebundenen Währung erreicht ist. — Hylodromie und Exodromie können mit der gleichen Wirksamkeit angewandt werden wie bei der Goldwährung mit umlaufenden Goldmünzen.

England hat mit dem Gold Standard Act vom 6. 5. 1925

---

[52]) Knapp, Staatliche Theorie, 1921, Seite 73.

den gleichen Währungstyp geschaffen. Den rechtlichen Bestimmungen fehlt jedoch die der Hylolepsie; festgelegt ist nur der Goldabgabepreis der Bank von England mit £ 3. 17. 10½ für für die Unze standard; der Ankaufspreis fehlt, und damit die untere Preisgrenze für Gold. Da aber die Bank von England tatsächlich die Spanne zwischen ihrem gesetzlich vorgeschriebenen Preis für den Goldverkauf und ihrem jeweiligen Goldankaufspreis — den hylodromischen Spielraum[53]) — sehr gering hält, so hat das Fehlen der betreffenden rechtlichen Bestimmung keine praktische Bedeutung. —

Der Goldwährung mit valutarischem notalen Gelde ist die sogenannte Devisenkernwährung nahe verwandt. (Als Beispiel mag man sich hier die Währung Österreich-Ungarns etwa von 1896 ab vorstellen.) Gemeinsam ist beiden die Aufrechterhaltung eines bestimmten Preises für eine bestimmte Ware. Ist im einen Fall die Ware das Gold, so ist sie im anderen in den Devisen eines Landes oder auch in Devisen mehrerer Länder zu sehen. Das Mittel zur Kursfestigung ist aber bei der Devisenwährung auf die Diskont- und Devisenpolitik beschränkt, die im wesentlichen oben (IV B, 2) geschildert wurde. Die »automatische Regelung« kann deswegen nicht eintreten, weil kein »natürliches Pari« zwischen den beiden Ländern vorhanden ist. Denn ein solches natürliches Pari besteht nur zwischen Ländern mit gleicher Hylodromie. Es muß auch dann nicht notwendigerweise ein Münzpari sein, denn die Ausprägung des Währungsmetalls in bares Geld ist nicht erforderlich. Dem Währungsmetall kann — wie am Beispiel der heutigen deutschen Währung gezeigt wurde — auch auf andere Weise der nahezu feste Preis erhalten werden. Die Tendenz des intervalutarischen Kurses zur Parität durch die Auswirkung der privaten Interessen der Arbitrage kann sich immer nur dann einstellen, wenn der Zugriff zur Ware Gold möglich ist, wie es der Fall ist, wenn beide Länder Goldwährung haben. Das Gold und sein fester Preis in der einen und in der anderen Währungseinheit ist das gemeinsame, identische Preisgut. Ein solches ist bei einer Devisenkernwährung nicht vorhanden, und daher muß das betreffende Land auf die automatische Kursregelung, die ja zum Unterschied von der Kursregelung durch Diskont- und Devisenpolitik keine Opfer kostet, verzichten.

Eins ist jedoch noch hervorzuheben: hat sich ein Land die Devise eines Goldwährungslandes zur Währungsgrundlage erkoren (was gegenwärtig meistens der Fall ist), und ist es imstande, den Kursstand auf einer nahezu unveränderten Höhe zu erhalten, so ist damit gleichzeitig — aber auf dem Umweg

---

[53]) Knapp, Staatliche Theorie, Seite 74.

über den Devisenkurs — dem Gold auch im Land der Devisenkernwährung ein annähernd fester Preis gesichert. Man kann daher sagen, daß die Devisenkernwährung in diesem Fall eine indirekte Goldwährung ist; für das Preissystem im Inland ist jedenfalls dasselbe erreicht wie bei einer Goldwährung.

Ob es einen reinen Typ dieser Devisenkernwährung zum Unterschied von der Goldkernwährung gibt, ist schwer zu sagen, da alle Länder mit Golddevisenwährung, die Machlup behandelt[54]), außer über ihren »Devisenkern« auch noch über Bestände an Gold teils im eigenen Lande, teils im Ausland verfügen[55]). Auch Österreich-Ungarn gehört hierher, dessen Währung von 1892 bis 1914 keine eigentliche Devisenwährung, sondern tatsächlich eine Goldwährung, wenn auch vorwiegend durch Devisenpolitik, war. Goldbestände müssen notwendigerweise vorhanden sein, denn die Stelle, der die exodromische Verwaltung anvertraut ist, hat für die Erfüllung ihrer Aufgaben kein sichereres Mittel, um die Devise eines Goldwährungslandes zu kaufen, als das Gold.

Sieht man, wie ich es hier getan habe, als Kriterium einer Währung die Gewähr für den festen Preis einer bestimmten Ware an, so kann man sagen, daß »Goldumlaufswährung«, Goldkernwährung und Golddevisenwährung sachlich dasselbe sind, wenn auch ihr Aussehen ein verschiedenes ist, von der Seite der Geldverfassung aus betrachtet. Die Währungspolitik dagegen weist verwandte Züge auf. Zwischen den beiden ersteren und der Devisenkernwährung besteht jedoch in dieser Hinsicht noch der weitere Unterschied, daß bei der letzteren die Kursregelung nicht automatisch erfolgen kann — »automatisch« im Sinne der oben (Seite 86f.) gegebenen Erklärung dieses Wortes; daß eine gewisse selbsttätige Kursregelung auch durch den sonstigen Auslandshandel möglich ist, soll damit keineswegs bestritten werden. —

### 4. Währungsarten anderer Einteilung.

Um diesen Abschnitt über die Währung abschließen zu können, sei noch ein Blick auf Währungsformen geworfen, die von der Währungstheorie als besondere Arten erkannt wurden, sich aber unter die eine oder andere hier besprochene Art zwanglos einfügen lassen oder als »Währung« im hier gemeinten Sinn nicht angesehen werden können.

a) Die hinkende Goldwährung. »Man setzt dabei voraus, daß das valutarische Geld die Barverfassung habe, und daß

---

[54]) Machlup, Die Goldkernwährung, Halberstadt 1925, zählt S. 140 die Golddevisenwährungen auf: Indien, Straits Settlements, Philippinen, Panama und Deutsch-Ostafrika (= »Vasallenwährungen«).

[55]) Vgl. Machlup a. a. O. Seite 61—83.

daneben eine besondere Art von Geld in akzessorischer Stellung zugelassen ist, nämlich metalloplatisch-notales Geld zu definitivem (aber nicht valutarischem) Gebrauch, und zwar solches, das früher einer Barverfassung angehört hat[56]).« ... »Der hinkende Zustand setzt ferner voraus, daß jenes als akzessorisch beibehaltene Geld negatives Agio habe..[56]).« So charakterisiert Knapp scharf den mit »hinkender Goldwährung« bezeichneten Zustand. Das bekannte Beispiel für diese Währungsart bietet die deutsche Währung vom 1. Januar 1876 bis zum 30. September 1907: mit dem Inkrafttreten des Bankgesetzes wurden die bisherigen valutarischen (notalen) Taler akzessorisch — an ihre Stelle traten endgültig die Goldmünzen —, trotzdem wurden die Taler als definitives Geld beibehalten bis zu ihrer Außerkurssetzung am 1. Oktober 1907. Da es sich bei solchen Geldarten, die eine Metallwährung »hinkend« machen, nur um solche handelt, deren rechtliche Stellung zwar der des valutarischen Geldes sehr ähnlich ist (es fehlt ja nur die Aufdrängbarkeit von seiten des Staates), die aber ohne Einfluß auf die Hylodromie bleiben — also das wirtschaftliche Kriterium der Währung: den festen Preis des Währungsstoffes nicht berühren — so können sie mit Recht von der hier gewählten »dromischen« Betrachtungsweise als unwesentlich beiseite gelassen werden.

b) Die Parallelwährung, gewöhnlich gekennzeichnet als Währung, in welcher gesetzliche Zahlungsmittel aus zwei Edelmetallen ausgeprägt werden, ohne daß zwischen den beiden Metallen ein festes Wertverhältnis besteht. Als Beispiel sei der Zustand des Münzwesens im 18. Jahrhundert nochmals erwähnt[57]). Es gab damals Preise, die auf Gold-, und Preise, die auf Silbermünzen lauteten, ohne daß jedoch weder dem Gold, noch dem Silber ein fester Preis erhalten worden wäre; die Möglichkeit (und Tatsächlichkeit!) der Münzverschlechterungen zeugt davon. Unter den hier verwendeten Währungsbegriff wäre also ein solches Münzwesen nicht unterzubringen. — Sieht man aber einmal von diesen Preisschwankungen der beiden Edelmetalle ab, dann ist zu erkennen, daß es sich nicht um eine »Parallelwährung«, sondern um zwei voneinander unabhängige, gleichzeitig auf einem und demselben Wirtschaftsgebiet geltende Währungen handelt, von denen jede für einen gewissen Kreis von Geschäften bevorzugt ist. —

Geht die lytrische Verwaltung jedoch dazu über, die Preise beider Metalle zu festigen, so wird die »Parallelwährung« zur »Doppelwährung« nach dem gewöhnlichen Sprachgebrauch.

c) Die Doppelwährung. Wenn die Geldverwaltung zwei

---

[56]) Knapp, Staatliche Theorie, 1921, Seite 112.
[57]) Vgl. oben III B, 5.

Metallen feste Preise verschafft, dann hat sie damit auch das »feste Wertverhältnis« zwischen den beiden Metallen geschaffen, was das eine Merkmal der Doppelwährung ist. Das andere ist die freie Ausprägbarkeit beider Metalle (also deren Preisbegrenzung nach unten), und das dritte Erfordernis ist die unbeschränkte Zahlkraft der beiden Hauptmünzen.

Diese drei Merkmale treffen zusammen in der Doppelwährung der Vereinigten Staaten von Nordamerika. Sec. 11 des Gesetzes vom 2. April 1792 »Establishing a Mint and regulating the coins of the United States«[58]) lautet: »And be it further enacted, that the proportional value of gold to silver in all coins which shall by law be current as money within the United States, shall be as fifteen to one, according to quantity in weight, of pure gold or pure silver; that is to say, every fifteen pounds weight of pure silver shall be of equal value in all payments, with one pound weight of pure gold, and so in proportion as to any greater or less quantities of the respective metals.« Sec. 14 ordnet die Prägefreiheit für beide Metalle an. Section 16 bestimmt die gesetzliche Zahlkraft aller Gold- und Silbermünzen; wie stark dabei der Gedanke der pensatorischen Zahlung und damit der »realen« Befriedigung im Vordergrund stand, mag der Wortlaut lehren: »And be it further enacted, that all the gold and silver coins which have been struck at, and issued from the said mint, shall be a lawful tender in all payments whatsoever, those of full weight according to the respective values herein before declared, and those of less than full weight at values proportional to their respective weights[59]).«

Dies ist das rechtliche Antlitz der amerikanischen Doppelwährung, die Lexis wegen der Erfüllung der drei Erfordernisse als die »wirkliche« Doppelwährung bezeichnet[60]), und Laughlin urteilt über diese Währung wie folgt: »There probably never was a better example of the double standard, one more simple, or one for whose successful trial the conditions could have been more favorable[61])«. Tatsächlich gestaltete sich diese Währung aber etwas anders, als nach diesem Gesetz zu erwarten gewesen wäre. Wir erfahren darüber von Laughlin folgendes[62]): Da ein gleichzeitiger Umlauf von Gold- und Silbermünzen nach dem durch dieses Gesetz aufgestellten Verhältnis

---

[58]) Vgl. »Coinage Laws of the United States, 1792 to 1894«, Washington 1894, Seite 4.

[59]) Vgl. »Coinage Laws of the United States, 1792 to 1894«, Washington 1894, Seite 4.

[60]) Art. »Doppelwährung« im H. d. Staatswissenschaften, 3. Aufl. S. 559.

[61]) Laughlin, History of Bimetallism in the United States, 1886, S. 23.

[62]) Laughlin, The Principles of money, New York 1903, Seite 463.

von 1 : 15 sich auf die Dauer als nicht durchführbar erwiesen hatte (seit Anfang des 19. Jahrhunderts war nur noch wenig Gold im Verkehr[63]), änderte man das Ausmünzungsverhältnis der beiden Metalle, indem die Goldmünzen um 6,26% leichter ausgeprägt wurden als vorher, während die Silbermünzen unverändert blieben; dies geschah durch das Gesetz vom 28. 6. 1834, »Concerning gold coins of the United States...«[64]), wodurch »the mint ratio nearer to the market ratio« gebracht wurde, das etwa 1 : 16 war. Aus der Tatsache, daß die Goldmünzen und nicht die Silbermünzen geändert wurden, geht hervor, daß als unveränderliches Preisgut das Silber galt; auch Lexis sagt, daß der Silberdollar »als hauptsächlichste Darstellung der Münzeinheit« angesehen wurde[65]). In unserer Meinung werden wir ferner dadurch bestärkt, daß — wie Lexis mitteilt — der Golddollar »in den zwanziger Jahren eine Prämie von etwa 5% gegen Silber« erzielte, wenn er zur Ausfuhr (nach England!) benutzt wurde[66]); im Inland stand seine nominelle Geltung fest, aber er war deswegen ja gerade kaum im Verkehr!

Wenn in den verschiedenen amerikanischen Gesetzen das Gewicht des Eagle an Feingold geändert wurde, so kam das einer Preisänderung der baren Münze gleich, oder besser: ihres Gehaltes an feinem Gold, die sich nach dem als unverändert betrachteten Silberpreis richtete. Aus diesem Grunde ist die damalige amerikanische »Doppelwährung« als Silberwährung anzusehen, während man sonst zu diesem Urteil deswegen kommt, weil sich allein die Silbermünzen im Verkehr halten und die Goldmünzen zur Ware werden — also nach platischer Beurteilung. —

Ein klein wenig anders sieht die Sache mit der französischen Doppelwährung aus. Das Gesetz vom 7. Germinal des Jahres XI (28. 3. 1803)[67]) stellt von vornherein als »Dispositions générales« folgenden Satz auf: »Cinq grammes d'argent au titre de neuf dixièmes de fin, constituent l'unité monétaire, qui conserve le nom de franc«. — Victor Bonnet schreibt dazu folgendes[68]): »On avait proposé de déclarer, d'une façon plus explicite encore, dans un article spécial, que le franc d'argent serait la mesure invariable des métaux précieux. Cet ar-

---

63) Laughlin, History of Bimetallism.., Seite 26 (Greshamsches Gesetz!).

64) Vgl. »Coinage Laws of the United States, 1792 to 1894«, Seite 15.

65) Art. Doppelwährung im H. d. Staatswissenschaften, 3. Aufl., Seite 559.

66) Ebenda.

67) Vgl. Bulletin des Lois de la République française, 3e. Série, Tome huitième, Paris, an XII (1804), Seite 43.

68) Victor Bonnet, Etudes sur la monnaie, Paris 1870, Seite 86 f.

ticle ne fut pas voté; mais M. Gaudin, le ministre des finances d'alors, qui avait présenté le projet de système monétaire, disait, dans son exposé des motifs, que ce projet avait pour but de fixer désormais le prix et la valeur de l'argent; qu'on ne serait plus exposé à en voir changer le titre ou le poids, suivant l'abondance ou la rareté; que la dénomination répondrait toujours au poids, et que celui qui aurait prêté, par exemple, 200 francs, ne pourrait jamais être remboursé avec moins de 1 kilogramme d'argent, qui vaudrait toujours 200 francs, ni plus ni moins. Il ajoutait que l'or serait, vis-à-vis de l'argent, dans la proportion de $15^1/_2$ à 1, et que, s'il survenait, plus tard, des événements qui forçassent à changer cette proportion, l'or seul devrait être refondu.« Hier ist sehr deutlich der Wille zur Silberwährung (im dromischen Sinn) ausgesprochen! Die Absicht Gaudins fand ihren praktischen Ausdruck darin, daß die Goldmünzen — deren Metallgehalt sich bald als zu billig (d. h. im Nennwert zu niedrig) tarifiert erwies gegenüber den Silbermünzen — mit einem amtlichen Aufgeld notiert wurden[69]. Außerdem wurde das durch das Gesetz vom 28. 3. 1803 indirekt[70]) »festgelegte« Verhältnis von $15^1/_2 : 1$ durch die Veränderung der Prägegebühren von Gold und Silber verschiedene Male gewechselt[71]), so daß man eigentlich genötigt wäre zu behaupten, daß verschiedene Doppelwährungen nacheinander Grundlage des Frankenpreissystems waren.

Die Schwankungen der Gold- und Silberpreise auf dem Markt waren während des dreiviertel Jahrhunderts, in dem die amerikanische und die französische »Doppelwährung« bestanden, verhältnismäßig gering; trotzdem reichten sie aus, um die platische Verwendung der Münzen — einmal der goldenen, später der silbernen — lohnend zu machen, so daß die Bezeichnung »Alternativwährung« anscheinend treffend die Sachlage charakterisiert. Sie tut dies aber wiederum nur vom platischen Gesichtspunkt aus; die Bezeichnung eines Geldwesens als Alternativwährung geht von der Beobachtung der im Verkehr verbleibenden oder aus dem Verkehr verschwindenden Zahlungsmittel aus. Offenbar sind jedoch die Veränderungen der dromischen Beziehungen des Geldes zu den Edelmetallen erst die Voraussetzung für eine solche Bewegung der metallnen Zahlungsmittel, worin eine abermalige Rechtfertigung der aus-

---

[69]) Vgl. Lexis, Art. Doppelwährung im H. d. Staatswiss., 3. Aufl. Seite 561.

[70]) Nämlich durch die Ausmünzungssätze, nicht wie im amerik. Recht durch ausdrückliche Gleichsetzung des Wertes von bestimmten Gold- und Silbermengen.

[71]) Lexis a. a. O.

schließlich »dromischen« Betrachtungsweise der Währungen liegen mag; es ist daher leicht einzusehen, daß der Ausdruck »Alternativwährung« hier nicht gut verwendet werden kann. —

Eines ist noch zu beachten: die Währungseinheit ist auf jeden Fall eine einheitliche, z. B. in der französischen Doppelwährung der Frank, der Frank schlechthin, der sich selbst wegen seines nominellen Charakters nicht verändern konnte. Es gab also keine Preise, die auf »Silberfrancs«, und keine, die auf »Goldfrancs« lauteten; das ist der Hauptunterschied gegenüber der Parallelwährung. Knapp sagt dazu: »Der Bimetallismus ist ja unter allen Umständen eine Chartalverfassung, keine pensatorische, am wenigsten eine bi-autometallistische, also ist weder Gold an sich, noch Silber an sich dort als Wertmesser verwendet. Die Werteinheit ist doch immer der Frank, und es ist für den inneren Verkehr Frankreichs ganz gleichgültig, welche Geldart gerade valutarisch sei ...[72])«. Eine Bemerkung ist hier jedoch noch hinzuzufügen: Trotz der Übereinstimmung im Hauptgedanken sehen wir die Sache doch etwas anders an als Knapp. Damit Preise entstehen können, muß immer ein Vergleichsgut gegeben sein. Dieses ist im allgemeinen ein mehr- oder sogar vielfaches, denn es besteht in den Konkurrenzartikeln oder Konkurrenzleistungen des mit einem Preis zu versehenden Gutes, indem die Preisproportionen jener Güter in Verbindung mit der eigenen »Wertschätzung« derselben verglichen werden mit der »Wertschätzung« des zu beziffernden Gutes; wenn eine Währung vorhanden ist, dann ist das eine und allgemeine Preisgut immer in dem Währungsmetall (oder einer bestimmten Devise) zu sehen, daher läßt sich auch jeder Preis im letzten Grunde mit dem Preis des Währungsgutes erklären. Dank des Zusammenhangs aller Preise und ihrer gegenseitigen Abstimmung innerhalb des Preissystems, zu dem der Preis des Währungsstoffes als Grundlage angesehen werden muß, gilt im einzelnen Fall immer der Satz: Dieses Ding kostet so und soviel, weil ein Pfund Feingold (oder das entsprechende andere Währungsgut) so und soviel kostet. Dazwischen haben selbstverständlich die »Auswirkungen« der Preisgesetze ihren Raum; diese interessieren hier aber nicht; hier gilt es, das Licht auf die Rolle des allgemeinen Preisgutes zu werfen! Und wenn man das Wort »Wertmesser«, das Knapp in dem eben erwähnten Satz gebraucht, mit »Preisgut« im hier gemeinten Sinn »übersetzt«, dann ist zu sagen, daß während der französischen Doppelwährung — etwa bis zur Mitte des 19. Jahrhunderts — das Silber zweifellos als solches Preisgut anzusehen ist. Als dann nach 1850 das Gold billiger wurde, hielt sich nur noch das für den Kleinverkehr notwendige Silbergeld im Umlauf,

[72]) Knapp, Staatliche Theorie des Geldes, 1921, Seite 106.

während die Verwendung des Goldgeldes beträchtlich zunahm. Trotz dieser Tatsache, daß das Goldgeld nach 1850 im Zahlungsverkehr gegenüber dem Silber das Übergewicht bekam, möchte ich behaupten, daß das Silber weiterhin das Preisgut blieb. Denn noch wurde das Münzgesetz von 1803 nicht geändert, nach wie vor »bildeten 5 Gramm Silber von $^{9}/_{10}$ Feinheit die Münzeinheit mit dem Namen Frank«, d. h. der Preis von 5 Gramm solchen Silbers blieb immer noch 1 Frank. Hörten wir vorher, daß die Goldmünzen (20-Frankenstücke) mit einem amtlichen Aufgeld notiert wurden, solange sie dem Silber gegenüber zu niedrig tarifiert waren, so fehlt eine derartige Mitteilung über die Silbermünzen nach 1850[73]), woraus zu schließen ist, daß die Silbermünzen ihren nominellen Wert behielten, — ganz im Sinne des Münzgesetzes und seiner Motive. Erst im Jahre 1865 trat insofern eine Änderung ein, als von nun an die Silbermünzen — mit Ausnahme des silbernen Fünffrankenstücks — als Scheidemünzen mit $^{835}/_{1000}$ Feinheit ausgeprägt wurden, um sie so dem Gelddienst zu erhalten. Damit ging die Beschränkung ihrer Herstellung und ihrer Zahlungskraft einher; dies wäre jedoch im Hinblick auf das Weiterbestehen der Doppelwährung belanglos — da ja formell die freie Ausprägbarkeit des Silbers in Fünffrankstücke weiter in Kraft blieb — wenn nicht tatsächlich von diesem Ausprägungsrecht fast kaum Gebrauch gemacht worden wäre[74]). —

Allgemein kann gesagt werden, daß eine Doppelwährung nur dann gegeben ist, wenn das tatsächliche Preisverhältnis der beiden Edelmetalle konstant ist. Es ist durchaus denkbar, daß ein solcher Zustand erreicht werden kann, wenn mehrere Länder die gleichen Hylodromien, also auf Gold und Silber gerichtete, betreiben, was ja das Mittel der »vertragsmäßigen Doppelwährung« ist, und jeder Staat auf dem heimischen Edelmetallmarkt das Übergewicht an Macht gegenüber den anderen Edelmetallhändlern hat. Dann sind die übrigen Preise der Waren ebenso Gold- wie Silberpreise, d. h. das allgemeine Preisgut, das der Preisbildung im letzten Glied ihrer Faktoren zugrunde liegt, ist sowohl das Gold, als auch das Silber; und die Beantwortung der Frage, die Heitz gelegentlich stellt: »Es wäre gewiß lehrreich zu erfahren, ob in den Ländern der lateinischen Münzkonvention nach Gold, oder nach Silber, oder nach beiden Metallen gewertet wird«[75]), kann dann ohne theore-

---

[73]) Weder Lexis (Art. Doppelwährung im H. d. Staatswiss. 3. Aufl.), noch Helfferich (Die Reform des deutschen Geldwesens, 2. Bd. S. 24ff.) bringen eine Angabe in dieser Richtung.

[74]) Vgl. Helfferich, Das Geld, 1923, Seite 135.

[75]) Heitz in der Besprechung von Karl Knies' Buch »Das Geld« in den J. f. N. Bd. 27, Seite 137.

tischen Fehler zugunsten der letzten Annahme entschieden werden. Daß dieser Zustand theoretisch für das gesamte Geldwesen ohne besondere Bedeutung ist, ist klar; denn dem Preissystem ist die Festigkeit, deren es bedarf, auch dann schon gesichert, wenn einer Ware als Preisgut der konstante Preis gesichert bleibt. Jedenfalls ist es der hylodromischen Politik leichter, die Fiktion eines unveränderlichen Wertes für ein Gut in Form des festen Preises in die Wirklichkeit umzusetzen, als zwei Waren gegeneinander zu tarifieren und diese Proportion aufrechtzuerhalten. —

Bekannt ist, daß die Doppelwährung aus handelspolitischen, den merkantilistischen Ideen ähnelnden Gründen propagiert wurde: beide Edelmetalle galten als Repräsentanten des Reichtums eines Landes; das Streben ging dahin, beiden Metallen nebeneinander die Geldeigenschaft zu geben — der Unterschied zwischen Reichtum und Geld war noch nicht scharf genug erkannt. —

d) Die »Papierwährung«. Allgemein wird unter Papierwährung ein Zustand des Geldwesens verstanden, in dem 1. uneinlösbares Geld aus Papier zirkuliert und 2. diesem Papiergeld ein Zwangskurs verliehen ist, dessen es als gesetzliches Zahlungsmittel bedarf. — Adolph Wagner verwendet auch das Wort »Papiergeldwirtschaft«[76]) für diesen Zustand und wird damit der Sache in vielen Fällen — in welchen, wird sich sogleich zeigen — offenbar gerechter nach dem hier verwendeten Währungsbegriff.

Alle die Währungsformen, die man unter dem Namen Papierwährung begreift, müssen genauer auf ihre Bedeutung hin untersucht werden, die sie für das betreffende Landespreissystem haben. Denn diese ist keineswegs gleich!

Da in dieser Arbeit das Geldwesen nach den dromischen Beziehungen des Geldes zum Währungsstoff betrachtet wird, und nicht etwa die platische Beschaffenheit des valutarischen Geldes bei der Beurteilung der Währung den Ausschlag gibt, so ist auch für den Zustand der »Papierwährung« sofort die eine Frage in den Vordergrund des Interesses zu rücken: Ist ein allgemeines Preisgut vorhanden (denn das »Papier« ist es natürlich nicht!), und wie verhält es sich mit der Gewährleistung eines festen Preises für dieses Preisgut?

Zwei geschichtlich gegebene Beispiele sollen kurz nach dieser Richtung hin geprüft werden.

1. Das österreichische Geldwesen vor dem Krieg. Trotz der neugeschaffenen Goldmünzen wurden die Banknoten

[76]) A. Wagner, Theoret. Sozialökonomik, II. Abt., 2. Bd. Sozialökonomische Theorie des Geldes und Geldwesens, 1909, z. B. S. 673, 693, 696, 706.

und die notal gewordenen Silbergulden allein valutarisch behandelt (Knapp, S. 402 u. 424). Diese beiden Geldarten waren definitive Zahlungsmittel, also nicht einlösbar, da die Einlösungspflicht der Bank noch suspendiert war (Knapp, Staatliche Theorie des Geldes, S. 425 f.). Wegen dieser beiden Tatsachen kann man — nach platischer Beurteilung der Währung — sagen, daß Österreich-Ungarn um diese Zeit eine Papierwährung hatte. Doch wie oben (IV B, 2 u. 3) gezeigt wurde, hatte die exodromische Verwaltung des intervalutarischen Kurses z. B. gegen das benachbarte Goldwährungsland Deutschland den Erfolg, daß dieser Kurs nur sehr geringen Schwankungen ausgesetzt war, wodurch den österreichischen Preisen die Bindung gegeben wurde, die dem Geldwesen das Gepräge der »Geordnetheit« gibt und den Glauben an einen »festen Geldwert« rechtfertigt (vgl. IV B, 2). Nach der hier gewählten Ausdrucksweise bestand in Österreich-Ungarn um die angegebene Zeit eine »indirekte Goldwährung«.

2. Das deutsche Geldwesen in den Kriegs- und Nachkriegsjahren. Mit der Preisgabe der chrysophantischen Norm, d. h. der Einstellung der Goldabgabe in der Form der Einlösung von Banknoten in Gold, wurde der Ware Gold die Preisgrenze nach oben genommen. Damit ist dem Preissystem die bisherige feste Grundlage geraubt worden, und an ihre Stelle trat die Möglichkeit einer ungebundenen Preisbildung. Von einer »Währung« im hier gebrauchten Sinn ist sodann keine Rede mehr; hier hat das Wort Papiergeldwirtschaft (vgl. auch Knapp, Staatliche Theorie S. 362) durchaus seine Berechtigung.

Hier wäre es am Platze, eine Begriffsbestimmung der Inflation zu geben, die oben bei der Schilderung des Geldwesens mit nur notalen Geldsorten unterlassen werden mußte, da es sich dort nur um die Betrachtung des Geldwesens handelte und der Währungsbegriff noch nicht geklärt war. — Nun ist aber das, was wir in den Kriegs- und Nachkriegsjahren als »Inflation« erlebt haben, keineswegs eindeutig bestimmbar! Die materiellen Veränderungen hinsichtlich der Vermögens- und Einkommensgestaltung in unserer Wirtschaft waren während dieser Zeit so mannigfaltig und so verschieden von denen, die die Zeit der Goldwährung mit sich brachte, daß es schwer ist, eine auch nur allen wesentlichen Erscheinungen gerecht werdende Definition zu finden. Trotzdem soll wenigstens versucht werden, an den unserer Auffassung vom Geldwesen entsprechenden Begriff der Inflation heranzukommen.

Meistens wird Inflation als eine besondere Art der Geldschöpfung[77]) erklärt. Bendixen sagt: »Man hat ... die Infla-

[77]) Elster gibt den Begriff der Geldschöpfung folgendermaßen: »Der

tion zu definieren schlechthin als übermäßige Geldschöpfung[78])«; ebenso Elster: »Inflation ist übermäßige Geldschöpfung[79])«. Neumark nimmt die Erklärung der Bedeutung des Wortes »übermäßig« im Sinne der beiden vorher zitierten Autoren in die Definition auf und gibt der Inflation gleichzeitig einen teleologischen Charakter, indem er sagt: »Inflation ist Geldschöpfung ohne entsprechende gleichzeitige Vergrößerung des Sozialprodukts zwecks Verstärkung der Kaufkraft bestimmter Interessenten[80])«.

Da wir das Geld und mit ihm die »Geldschöpfung« nur im Dienste des Zahlungsverkehrs sehen, der seine Anforderungen an die »Geldschöpfung« nach den zu zahlenden Preisen richtet, können wir diese Definitionen nicht mit dem Gedankengang der vorliegenden Arbeit vereinbaren. Das Zustandekommen von Preisen ist die logische und empirische Voraussetzung dafür, daß irgendwelche Geldzahlungen erfolgen (nur bei den sogenannten »einseitigen« Zahlungen an den Staat und ähnliche Behörden geht keine »Preisbildung« voraus, da solche Erhebungen auf Grund einseitiger Festsetzungen durch die öffentliche Körperschaft erfolgen; außerdem sind aber diese Zahlungen hier nicht von Interesse, da sie ja nicht auf dem Markt erfolgen).

Sehr oft wird aber gerade das Gegenteil behauptet, nämlich, daß eine Preisbildung notwendigerweise die Verfügungsmacht über Geld voraussetzt. Dies sieht von vornherein sehr einleuchtend aus, so daß es gewagt erscheint, dieser Ansicht zu widersprechen. Und doch müssen auch[81]) wir es von unserem Standpunkt aus tun! Um diese Meinung zu erklären und zu rechtfertigen, sei ein kleiner Umweg gestattet.

Vor allem tut sich hier die Frage nach dem Wesen des Kredites auf, der, wie man zu sagen pflegt, »neue Kaufkraft« begründet, also mit der Schaffung von neuen Zahlungsmitteln einhergeht, — im Gegensatz zu dem anderen Kredit, der nur »Kaufkraftverschiebung« unter verschiedenen Personen bedeutet. — Vor dem Kriege gab in Deutschland die Reichsbank ihre Noten her: einmal bei der Einreichung von Gold, zweitens bei

Staat ist es (zum mindesten: vornehmlich), der heute für den Verkehr die Zahlungsmittel schafft; und er schafft sie, indem er sie technisch herstellt und ihnen Geltung in Werteinheiten verleiht. Das ist Geldschöpfung...« (Seele des Geldes, 1920, S. 220).

78) Bendixen, Das Inflationsproblem, Stuttgart 1917, Seite 13.

79) Elster, Die Seele des Geldes, Jena 1920, Seite 251.

80) Neumark, Begriff und Wesen der Inflation, Jena 1922, Seite 24.

81) Vgl. Tooke und Newmarch, Die Geschichte und Bestimmung der Preise, deutsch von Asher, Dresden 1862, Bd. II, S. 623, These 12: »Die Warenpreise sind nicht von der Geldmenge, die in dem Betrage der Noten oder der Umlaufsmittel überhaupt liegt, abhängig; vielmehr ist der Betrag der Umlaufsmittel eine Folge des Standes der Preise«.

der Diskontierung besonders qualifizierter Wechsel, vor allem der Warenwechsel[82]) und drittens bei sonstigen Geschäften: im Lombardverkehr, bei Zinszahlungen usw. Kann man nun sagen, daß die Reichsbank beim Ankauf von Wechseln — um nur den Hauptfall der »Geldschöpfung« zu behandeln — Kredit gibt im eigentlichen Sinn des Wortes? Den Kredit hat doch der Verkäufer seinem Käufer eingeräumt, indem er einen Wechsel auf ihn zog. Dieser Wechsel kann dann genau so gut von Hand zu Hand gehen wie etwa die bei einer Diskontierung erlangten Noten[83]). (Daß die Diskontierung des Wechsels einen großen praktischen Vorteil hat, soll keineswegs geleugnet werden.) Auf jeden Fall behält der Käufer das »Kreditrisiko« als letzte aus dem Wechsel haftende Person — auch dann, wenn er den Wechsel an die Reichsbank verkauft hat. Der Preis der Ware, die hier gegen Wechselakzept verkauft wurde, kam somit zustande, ohne daß eine »vorherige Verfügungsmacht« über »Geld« vorhanden gewesen wäre. Wohl aber über Kredit!

Ist nun am Ende in diesen Fall Kredit gleich Geld? Sicher nicht! Kredit ist vielmehr ein privatwirtschaftliches Mittel, den Absatz zu erleichtern, (NB. Dies ist nicht etwa als eine Definition anzusehen!) — eine Art Selbstfinanzierung des Absatzes, die deswegen so häufig vorgenommen wird, weil sie sich dem Gang der Wirtschaft so schmiegsam anpaßt: Der Weg der Ware vom Produzenten zum Konsumenten, für den sie ja bestimmt ist und der sie bezahlen soll, braucht Zeit. In dieser Zwischenzeit müssen aber diejenigen, die die Ware hergestellt haben, leben. Es muß also jemand den Betrag ihres Preises bis zur endgültigen Bezahlung durch den Verbraucher vorlegen. Daran hat das größte Interesse einzig und allein derjenige, der die Ware auf den Markt bringt — der Produzent also — und der sie nur unter der Bedingung der Krediterteilung an den Großhändler verkaufen kann. Er erhält für seine Waren dann das Akzept seines Kunden, mit dem er selbst Lieferanten bezahlen kann, oder das er an irgendeine Bank verkauft, um mit dem Erlös sich und seine Arbeiter zu entlohnen. Es muß durchaus keine Notenbank sein, und wenn es eine ist, z. B. die Reichsbank, dann bleibt es immer noch dem Zufall überlassen, ob sie »neues« Geld dafür hergibt, es sei denn, daß man alles Geld, was von der Hauptnotenbank in den Verkehr gelangt, als »neues« Geld anspricht (was manches für sich hat), denn wo wäre sonst ein Kriterium für »Neugeldschöpfung«? Knapp sagt hierüber folgendes: »Nicht ein besonderes Geschäft ist die Notenausgabe, sondern sie ist eine besondere, von der Bank

---

[82]) Vgl. Elster, Seele des Geldes, S. 222 ff., insbes. S. 243.

[83]) Vgl. auch Schumpeter »Die goldene Bremse an der Kreditmaschine«, 1927, S. 85.

versuchte Art der Zahlung; die Zahlungen aber sind aus den übrigen Geschäften der Bank entstanden« (Staatliche Theorie, S. 117). Zu diesen Geschäften zählt eben auch die Wechseldiskontierung. —

Am Verfalltag wird der Wechsel in der Regel eingelöst; ist der Überbringer die Reichsbank, dann erhält sie den Betrag an Geld zurück (selbstverständlich plus Diskont), den sie dem Verkäufer bei der Diskontierung ausgehändigt hat. Das Geld spielt in dem Gesamtvorgang eine ausschließlich technische Rolle. Auch hier bedeutet der Kredit nur »Kaufkraftverschiebung«, und zwar eine rein zeitliche. Und wenn man nun die Bedeutung des Wortes »Kaufkraftverschiebung« in diesem Zusammenhang des näheren erläutern will, so kann man sagen, daß sie die Zur-Verfügungstellung von Zahlungsmitteln — seien es Wechsel oder chartale Zahlungsmittel — für die Zeit vom Erscheinen der Ware auf dem Markt bis zu deren Eingang in die Komsumtion bedeutet, wobei der zunächst gewährte Vorschuß (denn ein solcher ist die Produktion der Ware) durch die endgültige Zahlung des Konsumenten ausgeglichen wird. Daß das Geld oder diese »Geldschöpfung« (nämlich die rein technische) preisbildend gewesen sei, wird schwerlich behauptet werden können, der Preis der Ware wurde ja schon vor der »Geldschöpfung« vereinbart, selbst wenn man das Ausstellen und Weiterbegeben des Wechsels als solche ansieht. Die Reichsbank hat durch ihre etwaige Diskontierung die Kreditgewährung des Produzenten nur unterstützt, indem sie die Verwendung dieser Art des Sich-bezahlt-machens durch Zerlegung des Wechsels in Zahlungsmittel von runden Beträgen praktisch erleichterte. Die eigentliche »Geldschöpfung« (wenn man diesen Ausdruck überhaupt verwenden will) liegt somit in der Kreditgewährung des Produzenten an seinen nächsten Abnehmer oder im tiefsten Grunde: in der marktfähigen Produktion selbst! Dies ist aber nicht im Sinn der These von der Schöpfung »klassischen Geldes« (Bendixen) zu verstehen, die ein Verhalten der Preise von der »Geldschöpfung« abhängig sieht, sondern auf Grund der Auffassung vom Geld als wirtschaftstechnischer Einrichtung zur Preiszahlung. Denn die Preise entstehen nicht durch »Wertvergleich« der Waren mit dem Geld, sondern der Waren mit den entsprechenden Vergleichsgütern, die schon Preise haben[84]). Daß diese Preise nicht dauernd steigen (wie sie es in der Inflation getan haben),

84) Hier befinde ich mich — wie schon in der Einleitung erwähnt — im Gegensatz zu Knapp — ob nur terminologisch, ist zu bezweifeln —, der auf Seite 25 seiner Staatlichen Theorie davon spricht, daß das »jeweilige Zahlungsmittel als Vergleichsgegenstand« beim »Wert« (müßte es nicht genauer heißen »bei der Bewertung« oder beim »Preis«?) vor-

liegt in der willkürlichen Preisbeständigkeit des allgemeinen Preisgutes — etwa Gold. Daß diese Preisbeständigkeit verschiedene Voraussetzungen hat, wurde bei der Behandlung der Goldwährung gezeigt. Ist diese feste Preisgrundlage nicht da, dann besteht durchaus die Möglichkeit einer anarchischen Preisbildung — auch wenn die »Geldschöpfung« im Zusammenhang mit der Warenerzeugung erfolgt!

Sehen wir daher näher zu, was die Hauptthese der klassischen Geldschöpfung besagt: Die Geldschöpfung muß im Zusammenhang mit der Warenerzeugung stehen, um die Warenpreise nicht zu beeinflussen (Bendixen, Elster).

Was heißt das: in »Zusammenhang«[85]? Jedenfalls natürlich: der Menge nach. Aber welcher Art ist diese Menge? Nicht ohne weiteres kann man diese beiden Mengen sich einander gegenüberstellen; sie müssen irgendwie auf die gleiche Weise meßbar sein. Welch einheitliches Maß liegt also sowohl der Waren-, als auch der Geldmenge zugrunde? Stückzahl, Gewicht und ähnliches auf keinen Fall. Was bleibt dann noch? Diese Mengen sollen dem Werte nach in Zusammenhang stehen. Nach eben dieser Lehre vom Gelde hat aber das Geld keinen Wert[86]; Wert haben nur die Güter selber. Und dieser »Wert« tritt in der Form des Preises in die Erscheinung. Die klassische Geldschöpfung setzt also schon immer Preise voraus, sie richtet sich nach den bewilligten, zustande gekommenen Preisen. Wenn sie sich aber nach diesen richtet, kann sie sie nicht mehr »beeinflussen«. Die Preise aber sind abhängig von keineswegs gleichbleibenden Bedingungen, unter denen die Waren hergestellt werden und Einkommen gezahlt werden; sie können sich verändern, können steigen und fallen. Ist ein allgemeines, preisbeständiges Vergleichsgut vorhanden, so müssen sich die Preise gegenseitig »im Schach halten« dank ihres preisgesetzlichen Zusammenhangs. Ist aber kein solches vorhanden, so wird sich die Tendenz des Steigens sehr bald geltend machen, je nach dem mehr oder weniger stark entwickelten Streben nach wirtschaftlichem Vorteil, der eben von den Produzenten in »hohen Preisen« gesehen wird. Solchen unaufhörlichen Preissteigerungen muß sich die Geldmenge (ziffernmäßig) notgedrungen anpassen; sie würde dies tun, auch ohne die Hilfe der Geldemissionsstelle: dann müssen eben andere Dinge den Gelddienst verrichten, wie wir es ja in der Inflationszeit auch erfahren haben.

---

ausgesetzt werde. Für mich ist das Zahlungsmittel nie Vergleichsgegenstand, sondern immer nur die wirtschaftlichen Leistungen, die sich diesen Dienst gegenseitig leisten, wenn man so sagen darf.

85) Elster, Die Seele des Geldes, 1920, Seite 270 ff. und 303 ff.

86) Ebenda, Seite 21 ff.

Worauf es hier ankommt, ist, dies nochmals zu betonen: eine Zahlung wird nur auf Grund eines vereinbarten Preises geleistet, es sei denn, daß sie als Gebühr, Steuer usw. an die öffentlichen Körperschaften erfolgt, also nicht als unmittelbare Gegenleistung für ein Gut anzusehen ist. Es hat demnach keinen rechten Sinn zu sagen, daß diejenige Geldschöpfung »übermäßig« sei, deren Umfang das Maß des »volkswirtschaftlichen Bedürfnisses« überschreitet[87]). Wodurch wird denn dieses »Maß« bestimmt? Gibt es eine andere Möglichkeit, das »volkswirtschaftliche Bedürfnis« zu erkennen als an den Anforderungen, die durch notwendige Preiszahlungen hervorgerufen werden? Verbirgt sich nicht am Ende hinter diesem Ausdruck eine Vorstellung von einem von vornherein gegebenen oder »natürlichen« Bedarf der »Volkswirtschaft« nach Geld? Solchen Ausdrücken auf den Grund ihrer Bedeutung zu gehen ist immer schwierig. Sollte es sich da nicht empfehlen, das Preissystem und die Verkehrsvorgänge auf dem Markt als für den Geldbedarf bestimmend anzusehen? Die wirtschaftliche Lage des Marktes findet ihren Ausdruck im jeweiligen Preissystem; die gegenseitige Umwandlung der Leistungen vollzieht sich durch das Geld, ohne daß das Geld selbst ein Marktgut ist, das heißt: ohne daß es auf die Preisbildung »einwirken« könnte; es wird weder produziert noch konsumiert in dem Sinn, daß mit seiner technischen Herstellung ein wirtschaftliches Gut entstünde und bei seiner Ausgabe ein wirtschaftliches Gut verginge. Es bleibt immer nur Mittel zur Zahlung.

Auch die »Geldschöpfung« während des Krieges kann von dieser Seite her nicht anders betrachtet werden. Das Deutsche Reich verschaffte sich (wie viele andere kriegführende Länder) »Betriebsmittel« in der Form von Geld — außer durch ordentliche Einnahmen — teils durch Kreditgewährung der Staatsbürger (Kriegsanleihen), teils durch Kreditgewährung an sich selbst, wenn man so sagen darf (durch Schatzwechsel); die Reichsbank wurde durch die Pflicht zur Diskontierung der Schatzwechsel gleichsam identisch mit dem Reich selbst; von einer Krediterteilung der Reichsbank an das Reich läßt sich in diesem Fall kaum sprechen, obwohl sie rechtlich so konstruiert war[88]). (Diese Kreditinanspruchnahme des Reiches zur Kriegsfinanzierung hat später den Anlaß zur Beurteilung der

---

87) Elster, Die Seele des Geldes, 1920, Seite 257. (Auch Elster ist von den verschiedenen Antworten auf die Frage, was übermäßige Geldschöpfung sei, nicht vollkommen befriedigt, jedoch nicht aus dem Grund, der hier als Bedenken auftaucht.)

88) Als was die »Betriebskredite« anzusprechen sind, die die Reichsbank nach dem gegenwärtigen Bankgesetz (vom 30. 8. 1924, § 25,2) dem Reich gewähren »darf«, bleibe hier unentschieden.

Inflation als »Kreditinflation« gegeben, wodurch auf die Ursache der Inflation hingewiesen werden sollte.)

Was ging nun in der deutschen Wirtschaft und damit in ihrem Preissystem nach Ausbruch des Krieges vor? Zunächst entstand — wenn man so will — ein starker Konkurrenzmarkt neben dem bisherigen: der des Kriegsbedarfes. Gekennzeichnet war dieser dadurch, daß nur ein Käufer Nachfrage geltend machte: der Staat. Dieser mußte ein gewaltiges Heer von Anbietern für sich interessieren; er tat dies, indem er hohe Preise bewilligte für alles, was man mit dem Wort Kriegsbedarf umfassen kann. Noch ist aber damit nicht unbedingt die Inflation heraufbeschworen; denn: gelänge es dem Staat, sein »Einkommen« dadurch zu vergrößern, daß er es seinen Untertanen entzieht, und stünde es ferner in seiner Macht, den intervalutarischen Kurs gegen ein neutrales Land, mit dem die Handelsbeziehungen ungestört aufrechterhalten werden können, oder den Goldpreis zu festigen, so wäre denkbar, daß sich wohl eine Teuerung feststellen ließe, die aber nicht den Charakter der von uns erlebten Inflation annehmen würde, nämlich den einer dauernden und allgemeinen Preissteigerung. Das Preissystem würde wohl erschüttert, es gäbe große Veränderungen unter den Preisproportionen, aber der Regler der Preisbildung, der annähernd feste Preis des betreffenden »neutralen« Geldes oder des Goldes bleibt die stetige Grundlage für die Preisbildungen [89]). — Nun machte aber das Reich diesen von vornherein als aussichtslos erscheinenden Versuch nicht, der Ware Gold weiter ihren Preis zu sichern; im Gegenteil: der Staat unterband den Goldhandel, wodurch dem Gold die Eigenschaft als allgemeines Preisgut überhaupt genommen war, wie es schon mehrmals betont wurde. Die Preisbildung wurde frei, und allmählich lösten sich die seit langer Zeit gewöhnten Preisrelationen. Versuchen wir, den Vorgang bildlich darzustellen: Die durch die höheren Preise steigenden Einkommen der Kriegslieferanten brachten auch die übrigen Preise in Unruhe, — und zunächst fast unmerklich, später immer heftiger entstanden zwischen Preisen und Einkommen die Reibungen, deren anfängliche Funken sich zu einer lodernden Flamme entwickelten: zur Inflation! Ein tolles, stets wechselndes Emporzüngeln von Einkommen und Warenpreisen! — Als man das Übel zu erkennen begann, versuchte man durch Hände voll Sand — wie sie

---

[89]) Ein Beispiel hierfür bietet England; Lansburgh schreibt über die Bank von England folgendes: »Aber sie hat die Aufgabe einer Kriegsbank eben anders aufgefaßt als ihre kontinentalen Kolleginnen. Nicht Kreditpolitik, nicht Finanzpolitik, sondern Währungspolitik hat sie betreiben wollen. . .« (Die Bank, 1. Sem. 1915: Die großen Notenbanken im Dienste der kriegführenden Staaten, Seite 504).

die Preistreibereiverordnung, die Außenhandelskontrolle, die Mietengesetze u. a. der Inflation gegenüber darstellten — die Flamme, wenn auch nicht zu ersticken, so sie doch in ihrer rasenden Entwicklung zu hemmen. — Dieses ständige Überholen im Wetteifer der Preise miteinander bedingte auch das Anwachsen der Ziffern auf den Geldscheinen. Nicht die »vermehrte Geldausgabe« war die Ursache der Inflation, sondern das ständige Ausweichen der Preise und Einkommen nach oben.

Die Inflation stellt sich somit als eine der gebundenen Währung durchaus entgegengesetzte Erscheinung dar. Vielleicht ließe sich ihr Begriff folgendermaßen bestimmen:

> Inflation ist die durch das Fehlen eines preisbeständigen Vergleichsgutes ermöglichte allgemeine und fortwährende Preissteigerung [90]).

Damit ist auch das Geldwesen in Deutschland während der Kriegs- und Nachkriegszeit gekennzeichnet; und wie schon oben gesagt, läßt sich dafür der Ausdruck Papiergeldwirtschaft besser rechtfertigen als »Papierwährung«.

Mit dieser Betrachtung kann dieser Abschnitt abgeschlossen werden.

Das Ergebnis wäre folgendes: Wenn an das Geld das Erfordernis der »Wertbeständigkeit« gestellt wird, so kann diese nur innerhalb einer Währung erreicht werden, die nach dem hier vorschwebenden Währungsbegriff allein eine Gewähr für »stabile Preise« gibt, aus denen dann der Glaube an die sogenannte Wertbeständigkeit des Geldes entspringt. »Eine Stabilisierung der Preise ist das einzige, was eine geordnete Volkswirtschaft in bezug auf das Geld gebraucht. Bei welcher Art von Währung die erfolgt, ist vollkommen gleichgültig.« »Nur auf Stabilität der Währung, d. h. der Preise, kommt es an. Die Papiermark wird genommen, sobald sie stabil ist.« So Liefmann [91]).

In dem gemeinsamen Bekenntnis vieler Länder zur Goldwährung — gleichgültig in welcher Form — liegt ein nicht hoch genug einzuschätzendes Friedenselement für die Wirtschaft: Die gebundene Währung allein ermöglicht das wirtschaftliche Rechnen im wahren Sinn des Wortes, und da die Kalkulationen das wirtschaftliche Handeln bestimmen, so trägt dieses dazu bei, daß die Preisgestaltungen auf allen Märkten der Welt so einheitlich vor sich gehen, als ob es nur ein ein-

[90]) Daß der Goldpreis ein Kriterium bilde für inflatorische und nicht inflatorische Erscheinungen, behauptet auch H. G. Haenel (Geld und Kredit. Ein Beitrag z. Kritik des Nominalismus, Z. f. d. ges. Staatsw. Bd. 79, 1925, Seite 303 [Anmerkung]).

[91]) Liefmann, Quellen der Inflation und die Frage der Währungsänderung (Bank-Archiv 1923/24, Seite 4).

ziges Geldwesen gäbe. Mit Recht spricht daher Lansburgh von der »länderverbindenden gemeinsamen Einheit »Gramm Gold« [92]), und der Ruf nach dem »Weltgeld« kann einen überflüssig dünken, — es sei denn, die Staatsgrenzen wären zuerst beseitigt, was dann eine weitere Vereinheitlichung des Welt-Geldwesens hinsichtlich seiner Form zuließe.

## V. Ergebnis:
## Erklärung des Geldwesens durch die beiden Begriffe Preisgut und Preiseinheit als Bestandteile der metallistischen und nominalistischen Theorie.

Wenden wir nunmehr nach Betrachtung der empirischen Dinge unsere Aufmerksamkeit jenen beiden großen Theorien zu, die sich als Extreme gegenüberstehen, und von denen jede die Erscheinungen des Geldwesens auf ihre Weise erklärt und damit die andere Art der Erklärung ablehnt. In der Einleitung wurden sie zwar schon kurz skizziert, hier aber ist doch noch ein näheres Eingehen auf sie erforderlich, da die Art der Verbindung der beiden Theorien nur nach einer möglichst klaren Vorstellung von ihnen ersichtlich werden kann.

Da es Knapp ist, der die Geldtheoretiker in die beiden Lager der Metallisten und Nominalisten getrennt hat (wobei zu beachten ist, daß bis dahin er selber als einziger Vertreter der Nominalisten zu gelten hatte), empfiehlt es sich, zunächst ihn selbst über den Unterschied der beiden Richtungen zu hören. In seinen »Erläuterungen zur Staatlichen Theorie« [1]) finden wir folgende typischen Darstellungen:

»Der Metallist kann gar nicht anders, er muß die Anschauung hegen, daß ein bestimmtes Gut Wertmesser sei; denn diese Behauptung sagt im Grunde dasselbe, wie der andere Satz: die Werteinheit sei eine bestimmte Menge dieses Gutes, zum Beispiel eines Metalles; auch ein dritter Satz gehört hierher: wer den Preis als die Menge Metalles definiert, welche man geben muß, um eine Ware zu kaufen, der sagt schließlich auch dasselbe, nämlich: daß jenes Metall Wertmesser sei. Die Verflechtung dieser drei Sätze ist also, vom Metallismus aus gesehen, folgerichtig.

Wenn aber die Nominalisten dies alles nicht sagen, so ist das kein zufälliges Versäumnis, sondern sie leugnen ganz ein-

---

[92]) Lansburgh, Um die neue deutsche Währung (Die Bank 1924, Seite 433).

[1]) Knapp, Einführung in einige Hauptgebiete der Nat.-Ök. 1925, Seite 243.

fach, daß jene Sätze richtig seien — richtig im Sinne der allgemeinen Wahrheit — und haben also gar keine Ursache, sich bei solchen halbwahren Sätzen aufzuhalten.....

Untersuchen wir einmal, wann ein Gut besteht, von welchem eine bestimmte Menge einen festen Preis in Werteinheiten (Mark, Gulden, Frank usw.) hat. Gesetzt, es gäbe ein solches Gut, dann wird es von den meisten Leuten als Wertmesser aufgefaßt. Aber in welchen Fällen kommt denn diese Erscheinung vor?

Es gibt zwei solcher Fälle und nicht mehr.

Erster Fall: wenn Erz, Silber oder Gold an sich als Zahlungsmittel behandelt wird, also bei der autometallistischen Verfassung, dann ist das betreffende Metall ein solches Gut. Der Metallist sagt nun: da das Silber (resp. das Gold) ein Gut von unveränderlichem Werte war, wurde es als Zahlungsmittel eingeführt. Wir Nominalisten sagen aber: da man sich damals entschlossen hatte, Silber (resp. Gold) an sich als Zahlungsmittel zu verwenden, so hatte das Metall ex definitione seinen festen Preis und erschien als Wertmesser. Denn nach unserer Auffassung ist der Gebrauch jenes Gutes als Zahlungsmittel daran schuld, daß es als Gut von festem Werte erscheint. .... »Dies oder jenes Gut ist Wertmesser« bedeutet also hier ganz einfach: es ist an sich zum Zahlungsmittel erklärt. ....

Der zweite Fall ist viel wichtiger: In manchen Ländern, die bereits Chartalverfassung der Zahlungsmittel haben, also Geld gebrauchen, hat ein gewisses Metall einen festen Preis (zum Beispiel bei uns das Gold; ein Pfund kostet mit nur ganz geringen Abweichungen 1395 Mark). Ist nun hier das Gold der Wertmesser? Dem Laien erscheint es so. Aber mit zugewogenem Golde wird bei uns nicht bezahlt. Jener feste Preis entsteht bei uns ganz anders als im vorher betrachteten Falle, nämlich dadurch, daß der Staat den Goldpreis künstlich reguliert;...

Der feste Preis des Goldes ist also bei uns eine Folge bestehender Einrichtungen: der Wert des Goldes ist ex institutione fest.

Solange diese Einrichtung besteht, mag das Gold dem Laien als Wertmesser erscheinen; aber wenn die Einrichtung aufhörte, würde das an der Geltung unserer Stücke gar nichts ändern. Es ist also in Wirklichkeit ganz anders als der Laie glaubt: die nominale Werteinheit ist unser Wertmesser. ....

Der Nominalist braucht also von einem Gute, welches Wertmesser sei, gar nicht zu reden [2]).«

---

[2]) Knapp, Erläuterungen zur Staatl. Theorie, a. a. O. Seite 243—245.

Noch einige Sätze aus der Staatlichen Theorie, die Knapps Standpunkt deutlich zeigen:

»Zuerst sei hervorgehoben, daß die Werteinheit für uns nichts anderes ist als die Einheit, in welcher man die Größe der Zahlungen ausdrückt[3].«

»Auch dürfen wir bekanntlich den Begriff Wert nicht auf die Zahlungsmittel selber, also auch nicht auf das Geld anwenden, sondern nur auf Dinge, die nicht selber Zahlungsmittel sind, da wir beim Wert stets das jeweilige Zahlungsmittel als Vergleichsgegenstand voraussetzen, nicht aber auf die autometallistische Verfassung zurückgreifen[4].«

»Preis und Wert sind für uns immer lytrobasisch, sie beziehen sich stets auf ein Zahlungsmittel, im Zweifelsfalle auf das valutarische Zahlungsmittel. Wir denken niemals an irgend ein Metall als Vergleichsgegenstand, wenn wir vom Preis oder Wert reden[5].«

»Als sogenanntes Wertmaß allerdings sind die Metalle endgültig abgesetzt — nicht durch die Theorie, sondern durch die Tatsache, daß der Autometallismus nicht mehr besteht[6].«

»Der Metallist definiert die Werteinheit als eine bestimmte Metallmenge[7].«

»Der Chartalist definiert die Werteinheit historisch[7].«

Auch an das nominalistische Bekenntnis sei hier wieder erinnert, auf das schon in der Einleitung beim Aufrollen der für uns ungelösten Fragen Gewicht gelegt wurde. Der sich gerade dagegen bei uns rührende Widerspruch wird noch gerechtfertigt werden, was dann zur Lösung der Frage führen soll. —

Da Knapp nicht unmißverstanden geblieben ist, sei seiner Lehre noch ein klein wenig Aufmerksamkeit geschenkt, indem wir eine falsche Art der Auslegung streifen.

Knapp würde eine Übereinstimmung mit seiner nominalistischen Lehre z. B. da noch nicht anerkennen, wo ein Papiergeldumlauf theoretisch begründet wird, sei es durch den Hinweis auf seine absolute oder relative Kontingentierung, oder sei es durch Behauptung des Anweisungs- oder des Monopolcharakters des notalen Geldes. Es kommt weniger auf die Begründung für »stoffwertloses Geld« irgendwelcher Art an, als auf die Hauptgesinnung dem ganzen Geldwesen gegenüber, die sich natürlich in jenen Begründungen sehr deutlich zeigt. Der Hauptunterschied ist folgender: während Knapp einheitlich

---

[3]) Knapp, Staatliche Theorie des Geldes, 1921, Seite 6.
[4]) a. a. O. Seite 25.
[5]) a. a. O. Seite 214.
[6]) a. a. O. Seite 215.
[7]) a. a. O. Seite 281.

eine unwandelbare Geltung des »vollwertigen«, sowie des »unterwertigen« Geldes durch staatliche Proklamation gegeben sieht, mühen sich die anderen Theorien, den »Wert« des Geldes zu erklären. Dieser »Wert« ist abhängig von allerhand Zufällen: von der Menge des Geldes im Verhältnis zu den Edelmetallen und zu den Waren, zur Umlaufsgeschwindigkeit, von der Geldschöpfungsintensität des Auslandes[8]) usw. In welch engem Zusammenhang steht z. B. Ricardos Lehre vom Geldwert mit seiner Lehre vom auswärtigen Handel! Zu- und Abfluß von Geld und Waren sind da die Hauptfaktoren. — Doch, Ricardo hat ja auch folgende Sätze geschrieben:

»Ein Geldumlauf ist in seinem vollkommensten Zustande, wenn er gänzlich in Papiergeld besteht, aber in Papiergeld von einem gleichen Werte wie das Gold, das es zu vertreten erklärt. Der Gebrauch von Papier, anstatt von Gold, ersetzt das kostspieligste durch das billigste Mittel und befähigt das Land, ... alles Gold, das es vorher zu diesem Zwecke benutzte, gegen Rohstoffe, Werkzeuge und Nahrungsmittel einzutauschen, durch deren Gebrauch sein Wohlstand wie seine Genüsse vermehrt werden[9]).«

Dieser Gedanke, der etwa das enthält, was Ricardo in seinen Proposals for an economical and secure currency, with observations on the profits of the Bank of England (1816) des näheren ausführt und erläutert, hat ihm den Ruf eingetragen, ein Vorgänger Knapps zu sein — Ricardo, der ausdrücklich fordert (Politiker!), daß das Papiergeld auf Verlangen — wenn auch nicht in Münzen — so doch in Barrengold eingelöst werden solle! Knapp hatte seine und Adam Smiths Lehre als »durchaus metallistisch« bezeichnet[10]), denn von der proklamatorischen Geltung ist bei ihnen ja gar keine Rede, was aber Ricardos »Verteidiger« Mises[11]) und Machlup[12]) vollkommen übersehen haben, da sie ja selber dieser proklamatorischen Geltung ablehnend gegenüberstehen. Beide glauben auf Grund der Knappschen »Devise«[13]): »Fürs Ausland bares, fürs Inland notales Geld[14]), Knapp tue Ricardo Unrecht. Machlup z. B. sagt: »Vollends frappierend muß es aber erscheinen, wenn ...

---

[8]) Machlup spricht von der Erhaltung der Kaufkraft des Geldes durch den »Parallelismus der Geldschöpfungsintensitäten« zwischen In- und Ausland (Die Goldkernwährung, 1925, Seite 91, 102, 110).

[9]) Ricardo, Grundsätze der Volkswirtschaft und Besteuerung (3. Aufl. 1821), ins Deutsche übertr. von H. Waentig, Jena 1923, Seite 370.

[10]) Knapp, Über die Theorien des Geldwesens, a. a. O. Seite 268.

[11]) Mises, Theorie des Geldes und der Umlaufsmittel, 1924, S. 256 f.

[12]) Machlup, Die Goldkernwährung, 1925, Seite 38 f.

[13]) Ausdruck von Machlup, a. a. O. Seite 38.

[14]) Knapp, Staatliche Theorie des Geldes, 1921, Seite 261.

Ricardo ... von seinem späteren Nachfolger ... als »Metallist« verschrien wird[15])«. (»Das ist kein unhöflicher Ausdruck«, hören wir Knapp zunächst einwenden[16])!) — Es wäre in der Tat verlockend, an dieser Stelle »Knapps dogmengeschichtliche Irrtümer«[17]) und seine »Unbekanntschaft mit den Wert- und Preisproblemen«[18]) als — Mißverständnisse von Mises nachzuweisen, — wenn es im übrigen sachdienlich wäre. —

Wir halten fest: Die Entscheidung über den nominalistischen Gehalt einer Geldlehre hängt nicht davon ab, ob irgend ein Geldsystem mit papiernen Stücken propagiert oder theoretisch fundiert wird, sondern davon, ob die Chartalität aller staatlichen Geldsorten mit ihrer einheitlichen proklamatorischen Geltung erkannt ist. — Dies letztere ist bei uns der Fall, was uns berechtigt, uns in dieser Hinsicht zu den Nominalisten zu rechnen.

Aber noch auf andere Weise äußert sich die Gegnerschaft gegen die Staatliche Theorie. Mises stellt kategorisch noch folgende Behauptung auf: »Die »staatliche Theorie« ist nicht etwa eine schlechte Geldtheorie, sie ist überhaupt keine Geldtheorie[19])«. Begründung: »Die Auffassung des Geldes als eines Geschöpfes der Rechtsordnung und des Staates ist ... unhaltbar. Keine Erscheinung des Marktes rechtfertigt sie. Man verkennt die Grundprinzipien der Gesellschaft, in der das Geld umläuft, wenn man dem Staat die Macht zuschreibt, dem Tauschverkehr Gesetze zu diktieren[20])«. Dieser Vorwurf trifft Knapp nicht; vieles steht in seiner Staatlichen Theorie — diese Gedanken aber nicht. — Dem Vorwurf liegt die unbegreifliche Meinung zugrunde, Knapp behaupte, der Staat dekretiere den Wert des Geldes! (Ein nicht seltener Irrtum! Jeder, der dem begrifflichen Unterschied von Wert und Geltung unzugänglich ist, muß in ihn verfallen.) Mises sieht daher die Aufgabe einer Geldtheorie in etwas anderem als Knapp; er sagt: »Als den Kern unserer Aufgabe sehen wir die Ableitung der Gesetze an, die das zwischen dem Geld und den übrigen wirtschaftlichen Gütern bestehende Austauschverhältnis bestimmen; dies und nichts anderes ist die Aufgabe der nationalökonomischen Theorie des Geldes[21])«, und er spricht an anderer Stelle von der »Unzulänglichkeit einer Lehre, die über den Geldwert nichts

---

15) Machlup, Die Goldkernwährung, 1925, Seite 38 f.

16) Knapp, Österreich und die staatl. Theorie des Geldes (= Einführung in einige Hauptgebiete der Nationalökonomie, S. 285).

17) Mises, Theorie des Geldes und der Umlaufsmittel, 1924, S. 255.

18) Mises, a. a. O. Seite 38.

19) Mises, a. a. O. Seite 249.

20) Mises, a. a. O. Seite 44.

21) Mises, a. a. O. Seite 24 f.

zu sagen weiß[22])«. Mises kommt also mit Knapps rein »formalistischer«[23]) Theorie des Geldes nicht aus und sucht nach einer Erklärung der Austauschverhältnisse auf dem Markt. Er bezeichnet sie — wie wir hörten — als Austauschverhältnisse, die zwischen dem »Geld und den übrigen wirtschaftlichen Gütern« bestehen. Weiter unten werden wir feststellen müssen, daß »Geld« bei Metallwährung für Mises nur das bare Geld (im Sinne Knapps) ist, also etwa die baren Goldmünzen. Und diese haben, da sie das eine Glied des Austauschverhältnisses bestimmen, einen gewissen Wert: »Nicht der Stempel, nicht die Proklamation der Münz- und Marktherren, sondern der Metallgehalt bestimmte die Geltung[24]) der Stücke im Tausch[25])«. Mises kommt in diesem Fall zur bekannten metallistischen Lösung.

Auch wir suchen nach der Möglichkeit einer Erklärung für die »Austauschverhältnisse« auf dem Markt — aber wir sehen diese nicht als zwischen dem Geld und den Gütern bestehend, sondern unter den Gütern allein, wozu im Falle der Goldwährung auch das Gold gehört; und wir sagen dann: Das Gold ist das allgemeine Preisgut, an dessen Preis die Preise aller übrigen Güter ausgerichtet sind[26]). Wir nähern uns also auf eine etwas andere Weise dem Metallismus.

Um den in Knapps Ausführungen skizzierten typischen Metallismus lebendig werden zu lassen, seien Diehl und v. Mises als dessen teilweise Vertreter herangezogen.

Diehl definiert die Werteinheit:

»Die Mark ist der 2790ste Teil von einem Kilo Feingold[27]).« (Auf eine gewisse Verschiedenheit des Ausdrucks soll gleich hier hingewiesen werden; Diehl schreibt an anderer Stelle[28]): »Mark ist also nur der Name für eine bestimmte Gewichtsmenge Edelmetalls«. Der 2790ste Teil von einem Kilo Feingold ist aber etwas ganz anderes als der »Name« dafür; dieser Unterschied kommt für uns insofern in Betracht, als wir mehr mit dem letzteren Ausdruck sympathisieren, wenn wir sagen: 1 Mark ist der »Preis« für $^1/_{2790}$ kg feinen Goldes.)

Die gleiche Art der Definition wie bei Diehl finden wir

[22]) Mises, Zur Klassifikation der Geldtheorien (= Archiv f. Sozialw. Bd. 44, 1917/18, Seite 203).

[23]) Knapp, Die rechtshistorischen Grundlagen des Geldwesens, a. a. O. Seite 239.

[24]) Hier müßte Mises wirklich »Wert« sagen!

[25]) Mises, Theorie des Geldes u. d. Umlaufsmittel, 1924, Seite 39.

[26]) Den jeweiligen Stand oder die Bewegung der Preise überlassen wir der Preistheorie zur Erklärung; uns genügt die Feststellung, daß es sich bei der Preisbildung um einen historischen Prozeß handelt, der seinen Ursprung im Naturaltauschverkehr hat.

[27]) Diehl, Theoret. Nationalök., 3. Bd., Jena 1927, Seite 256.

[28]) a. a. O. Seite 269.

auch bei Mises; er fragt: »Was sind denn die Mark, der Frank, das Pfund vor 1914 gewesen?« und antwortet: »Doch nichts anderes als Gewichtsmengen Goldes[29])«. Ein paar Sätze weiter heißt es ähnlich wie bei Diehl: »... und die Mark bildet lediglich die Rechnungseinheit, die Bezeichnung für $^1/_{2790}$ kg feinen Goldes[30])«.

Diehl definiert das Geld als »dasjenige Zahlungsmittel, das von der Rechtsordnung als allgemein gültig anerkannt ist[31])«, und gibt weiter unten folgende wesentliche Erläuterung dazu: »Nach meiner Definition gehörten zum Geld in Deutschland vor dem Kriege die Reichsgoldmünzen und die Reichsbanknoten, streng genommen sogar nur die Reichsgoldmünzen, weil die Reichsbanknoten jederzeit in Goldmünzen eingelöst werden mußten[31])«. »Neben dem obligatorischen Zahlungsmittel »Geld« gibt es noch fakultative Zahlungsmittel[31])« — nämlich Scheidemünzen und Geldsurrogate.

Aus den Misesschen Darlegungen ergibt sich etwa folgende »Definition«, die von ihm selber jedoch nicht ausdrücklich als solche bezeichnet wird: »Im Tauschverkehr des Marktes nimmt das Geld seine Stellung als allgemein gebräuchliches Tauschmittel ein[32])«. Da das Geld als »allgemein gebräuchliches Tauschmittel« noch nicht eindeutig genug bestimmt ist, seien noch folgende Ergänzungen gegeben: Seite 28 des zitierten Werkes setzt Mises auseinander, daß die Scheidemünzen »Anweisungen auf die Reichskasse« seien — also gehören sie nicht zum »Geld«. — Die Taler von 1876 bis 1907 waren ebenfalls kein »Geld«[33]). — Interessant ist noch folgende Feststellung: »Geld war in Österreich-Ungarn ebenso wie in den anderen europäischen Staaten das Edelmetall Gold,[34])«; die Noten der österreich-ungarischen Bank stellten nichts anderes dar als Geldsurrogate[35]). (Es handelt sich um die auch in dieser Arbeit mehrfach erwähnte Zeit von 1892 bis 1914.) Also: Das Ding, was am wenigsten gebräuchlich war als »Tauschmittel« — das Gold — ist das »allgemein gebräuchliche Tauschmittel«! Offenbar handelt es sich bei dieser paradoxen Gegenüberstellung um zwei verschiedene Begriffe des »Tauschmittels«: einmal muß gemeint sein das Tauschmittel als Einrichtung zur Bewältigung des Güterwertverkehrs (= Zahlungsmittel) und zum andern das Tauschmittel (im Sinne von Mises) als das Geld, in das alle Geldsurrogate — wenn nicht ge-

29) Mises, Theorie des Geldes u. d. Umlaufsmittel, 1924, Seite 41.
30) a. a. O. Seite 41.
31) Diehl, Theoretische Nationalök., 3. Bd., 1927, Seite 258.
32) Mises, a. a. O. Seite 2; ähnlich auch S. 5, 6, 7, 9.
33) a. a. O. Seite 29.
34) a. a. O. Seite 33 (von mir gesperrt).
35) a. a. O. Seite 33.

setzlich, so doch freiwillig — eingelöst werden. Anders als im Sinne des »zweiten« Tauschmittels läßt sich der Geldbegriff von Mises nicht ermitteln. Er kommt damit unserem Begriff vom »allgemeinen Preisgut« außerordentlich nahe, indem er die Sache bezeichnet, die zu einem festen Preis vom Währungshüter — dem Staat — gegeben und genommen wird. —

Wie stehen Diehl und Mises nun zum Geld als »Wertmesser«? Nenbenbei gesagt: auf die terminologische Unterscheidung von Wertmesser, Wertmaß und Wertmaßstab soll hier verzichtet werden; alle diese Ausdrücke lassen sich in den zitierten Zusammenhängen als »Preisgut« im hier gebrauchten Sinne verstehen..

Beide lehnen — zunächst — die Wertmaßfunktion des Geldes ab, und zwar aus verschiedenen Gründen: Diehl deswegen, weil das Geld (= Gold) »nicht im Werte unveränderlich« ist[36]), und Mises, weil »der Wertungsakt jeder Messung unzugänglich« ist[37]). »Das subjektive Werturteil ... mißt nicht die Bedeutung der Objekte des Wirtschaftens; es bringt sie in eine Rangordnung, es skaliert sie[38])«. — »Auch der objektive Tauschwert wird nicht gemessen. Auch er ist das Ergebnis der vom skalierenden Werturteil gezogenen Vergleiche der Individuen[39]).«

Nun kommen aber beide, Diehl wie Mises, zu folgenden Sätzen:

»Man sollte bei dieser Funktion des Geldes von einem Preisindikator sprechen, nicht aber von einer Wertmaßfunktion[40]).« Dieser »Preisindikator« ist für Diehl gleichbedeutend mit »Preisfestsetzungs- und Preisvergleichungsmittel[41])«. — Des weiteren aber sagt Diehl: das Geld sei ein »guter Preisregulator«, ..»weil man aus dem Geldpreise der Waren erkennen kann, wie hoch die Waren an einer bestimmten Menge Edelmetalls gemessen bewertet werden[42])«. — »Auch ist zu beachten, daß innerhalb kurzer Zeitperioden, in denen der Geldwert selbst keinerlei Schwankungen unterliegt, das Geld als Wertmaß fungieren kann« ... »Daraus ergibt sich auch die Notwendigkeit, daß dieses Geld selbst einen Wert haben muß, denn wie könnte man den Wert der Waren irgendwie feststellen oder die Preise der Waren vergleichen, wenn nicht ein tertium comparationis für diese Wertvergleichungen vorhanden wäre[43])«.

[36]) Diehl, Theoret. Nationalök., 3. Bd., 1927, Seite 256.
[37]) Mises, Theorie des Geldes u. d. Umlaufsmittel, 1924, Seite 11.
[38]) Mises, a. a. O., Seite 11.
[39]) a. a. O.. Seite 20.
[40]) Diehl, Theoret. Nationalök., 3. Bd., 1927, Seite 255.
[41]) a. a. O. Seite 256.
[42]) a. a. O.. Seite 256 (Sperrung von mir).
[43]) a. a. O. Seite 257.

Trotz der Einschränkung, die Diehl macht (»innerhalb kurzer Zeitperioden«), ist ziemlich klar, was er meint: das Geld (= Gold) ist eben doch Wertmaß; dem Sinne nach trifft diese Meinung auch auf unser »Preisgut« zu.

Mises schreibt: »Weil zur Marktrelation jede Ware zu Geld gemacht und Geld in jede Ware umgewandelt werden kann, wird der objektive Tauschwert in Geld gerechnet. So wird das Geld zum Preisindikator (Menger)[44])«. — »Die Geldrechnung wird damit zu einem Hilfsmittel, das der menschliche Geist beim Wirtschaften nicht mehr zu entbehren vermag. Will man in diesem Sinne von einer Funktion des Geldes als Preismaßstab sprechen, so ist dagegen nichts einzuwenden[45]).« Wenn wir der Begriffsverwendung von Mises vertrauen dürfen und mit ihm — bei Goldwährung — das Gold als das Geld ansehen, dann stimmen wir auch mit ihm sachlich überein.

Während Diehls Ansicht deutlich mit den »metallistischen« Sätzen von Knapp harmoniert, ist die Ansicht von Mises nur teilweise eindeutig erkennbar. Nicht ganz klar wird man über seine Meinung darüber, ob das Geld »Wert« habe oder haben müsse, um Geld zu sein. — Aus den ersten Paragraphen des Kapitels über die »Bestimmungsgründe der Kaufkraft des Geldes« seiner »Theorie des Geldes und der Umlaufsmittel« geht hervor, daß sich der »Wert« des Geldes ausschließlich auf seine Funktion als allgemeines Tauschmittel stützt[46]) — daß also der Wert des Geldes »sein objektiver Tauschwert« ist; der »objektive Tauschwert« aber ist: »... die Möglichkeit, für ein Gut im Austausch ein bestimmtes Quantum anderer Güter zu erlangen[47])«. Alle diese Sätze deuten nicht in dieselbe Richtung wie die von Diehl angeführten, die die Wertmaßfunktion des Geldes und ihre Vorbedingungen aufzeigten.

Daher sei zur völligen Bestätigung der Charakteristik, die die Metallisten durch Knapp erfahren, noch Budge gehört — ein Theoretiker, der sich allerdings selber nicht zu den Metallisten rechnet, und zwar mit der Begründung: »... da ich ausdrücklich die theoretische Möglichkeit einer Währung in stoffwertlosem oder unkörperlichem Gelde anerkenne[48])«. —

---

[44]) Mises, a. a. O. Seite 21. — Vgl. aber dazu: Menger, Art. »Geld« im H. d. Staatsw., 3. Aufl., Seite 582 ff., insbes. Seite 585, wo es heißt, daß die »Geldpreise der Marktgüter« .. »Indikatoren des Austauschverhältnisses der Marktgüter« seien, nicht das Geld!

[45]) Mises, a. a. O. Seite 21 f.

[46]) a. a. O. Seite 88.

[47]) a. a. O. Seite 77.

[48]) Budge, Vom theoretischen Nominalismus (= J. f. N. 3. Folge, Bd. 58, S. 497). — Ob der angeführte Grund das Kriterium für eine »nicht metallistische« Geldtheorie enthält — die nach Knapps Einteilung eine »nominalistische« sein müßte —, ist fraglich. Es sind zwei verschiedene Dinge, wenn man das Papiergeld als »Monopolware« und seinen

Budge stellt in nicht mißzuverstehenden Worten folgendes fest: »Diese besondere Ware, mit deren Wert die Werte der übrigen Güter behufs Auffindung ihrer Wertrelation verglichen, mit anderen Worten, an dem die Werte der Güter »gemessen« werden, ist eben das Geld. Und daraus folgt ohne weiteres, daß das Geld, wenn es wirklich imstande sein soll, die Funktion des Wertmaßes zu leisten, selbst ein Ding von Wert sein muß[49])«. Nach Budge ist somit bei einer Währung mit baren und notalen Geldsorten einzig und allein das bare Geld »Geld«, alles andere sind Surrogate. Bei der »Papierwährung« übernimmt — wie schon in der Anmerkung angedeutet — der Monopolcharakter des Papiergeldes die Funktionen des Goldes, indem durch ihn der Wert des Geldes gewährleistet wird, — somit also auch das Papiergeld als Wertmaß anzusehen ist. In diesem »Wertmaßgedanken« trifft sich Budge durchaus mit dem Metallismus, wenn er ihn auch — mit zureichender Begründung — auf das Papiergeld ausdehnt. — Wir können jedoch mit Budge nur so weit mitgehen, als sich seine Aussagen über die Wertmaßfunktion des Geldes auf das Gold beziehen (oder das entsprechende andere Währungsmetall); bei der sogenannten Papierwährung sehen wir andere Güter als Preisgüter gegeben, nicht das Geld, weil das Geld selbst in unseren Augen keine »Ware« ist. —

Damit haben wir gezeigt, daß es eine »moderne« metallistische Theorie des Geldes[50]) in der Tat gibt, wie Knapp sie schildert — was von Mises jedoch bestritten wird[51]), während sich Diehl ausdrücklich zur »herrschenden Geldtheorie«, zur »sog. metallistischen« bekennt[52]). Andeutungsweise gaben wir auch kund, inwiefern wir mit der metallistischen Lehre übereinstimmen. Jetzt können wir den sich durch diese Arbeit ziehenden Grundgedanken in seinen Berührungspunkten mit der einen oder anderen Theorie nochmals im Zusammenhang darstellen.

Bei der Schilderung der geschichtlichen Entstehung des Geldes haben wir erkannt, daß sie von der Entstehung der »Nominalpreise« oder kurz: der Preise begleitet war. Das Zu-

»Wert« auf Grund seiner Knappheit erklärt — oder seine Geltung durch die Proklamation des Staates gegeben sieht. Budge stellt — wie Mises — seine ökonomische Geldlehre der juristischen gegenüber und sagt: »Jede ökonomische Geldtheorie kann nur eine Warentheorie des Geldes sein« (Waren- oder Anweisungstheorie des Geldes = Archiv f. Soz. Bd. 46, S. 737). Warentheorie bedeute aber nicht das gleiche wie Metallismus (ebenda, Seite 741).

[49]) Budge, Vom theoret. Nominalismus, a. a. O. Seite 501.

[50]) Im »idealtypischen« Sinn, indem die Ansichten verschiedener Hauptvertreter zusammengenommen wurden.

[51]) Mises, a. a. O. Seite 254 ff.

[52]) Diehl, a. a. O. Seite 323.

standekommen dieser Preise oder zahlenmäßigen Werturteile war dadurch möglich, daß das ursprüngliche Geld ein irgendwie geschätztes Gut war, dessen Name als Preiseinheit fungierte, d. h. der Benennung der Preiszahlen diente und diese damit in ein System von Werturteilen einordnete, die alle auf ein und dasselbe Preisgut bezogen waren. Auf Grund ihres Zustandekommens waren nun alle diese gleichnamigen, durch die Zahlen objektivierten Werturteile vergleichbar — wie es extensive Größen (Gewicht, Länge) sind.

Das »Preisvergleichungsmittel« als tertium comparationis im Sinne Diehls oder »diese besondere Ware, mit deren Wert die Werte der übrigen Güter behufs Auffindung ihrer Wertrelationen verglichen werden« im Sinne Budges — dieser wesentliche Bestandteil des Geldwesens nach der metallistischen Lehre — ist vorhanden. Ebenso aber auch die »Werteinheit« — die hier »Preiseinheit« genannt wurde — und die Knapp bezeichnet als die »Einheit, in welcher man die Größe der Zahlungen ausdrückt«[53]).

Das Zahlungsmittel, oder sagen wir hier einmal »Tauschmittel«, weil der Anfang des Geldverkehrs äußerlich noch so stark dem Naturaltauschverkehr ähnelt, ist das Preisgut selber in den vorhandenen Exemplaren; sein »eigener Wert« ist noch für jedermann erkennbar, auch wenn es gewohnheitsgemäß von Hand zu Hand geht.

Doch dann tritt — hier allmählich, dort plötzlich — eine Art »Arbeitsteilung« innerhalb dieses ursprünglichen Geldes ein: das Preisgut (= Wertmaß) dient nach wie vor als Wertvergleichungsgegenstand, sein Name bezeichnet auch noch die Preise, aber die »Träger« dieses Namens, die Preiszahlungsmittel, sind andere Dinge geworden, sie sind nicht mehr Exemplare der Preisgutgattung, sondern nur deren »Stellvertreter«. Ein Beispiel war das russische Ledergeld, von dem oben[54]) ausführlich die Rede war; es wurde dort gezeigt, daß die Preisbildung dadurch nicht gestört wurde, daß das Preisgut aus dem Verkehr an den Hof des Zaren kam, um von dort aus nur für den Außenhandel verwendet zu werden, und daß im Innern des Landes kleine Fellstücke den Gelddienst versahen. Zwischen dem Preisgut und den anderen zu Markt gebrachten Gütern besteht nur der eine Unterschied, daß der Preis des Preisgutes im angenommenen Fall immer gleich »1 Fell« ist, während sich die übrigen Güter im Preise ändern. Die Proportionen zwischen ihnen bilden sich nach den »Preisgesetzen«, sind Ergebnisse der Preiskämpfe auf dem Markt. Dabei sind die überkommenen Preisrelationen von Wichtigkeit für die neu entstehenden; die

[53]) Knapp, Staatliche Theorie, 1921, Seite 6 (vgl. oben S. 111).
[54]) Abschnitt III, B. 4.

mit Preisen behafteten Güter dienen sich gegenseitig mit ihrer Preishöhe als Vergleichsgegenstände für die neuen Einschätzungen der Interessenten.

Eine Zwischenbemerkung: Eine »Quantitätstheorie« hat hier nur insoweit Raum, als sie die Quantität der vorhandenen Preisgutstücke der Quantität der übrigen Güter entgegenstellt (nicht das Geld wird seiner Menge nach mit den anderen Gütern verglichen — was ja hier noch anginge, da es im Verhältnis zur Menge des thesaurierten Preisgutes wie 1 : 1 angenommen wurde). Wird das Preisgut durch Produktion stärker vermehrt als die übrigen Güter, so ist keinesfalls eine proportionale Preissteigerung der Waren die Folge; wohl kann sich aber eine allmähliche allgemeine Teuerung zeigen[55]. Dieser Inhalt der Quantitätstheorie ist aber schon in den Preisgesetzen mitenthalten und kann nicht als besondere geldtheoretische Erkenntnis oder Erklärung angesehen werden. Namentlich auch werden bei dieser Auffassung der Quantitätstheorie Rückschlüsse etwa auf den »Wert des Geldes«, seine »Kaufkraft« oder gar deren Einfluß auf die Höhe der Preise unmöglich; das Geld, die Zahlungsmittel sind hinsichtlich ihrer Menge und etwaiger verschiedener technischer oder juristischer Eigenschaften absolut aus dem Preisbildungsvorgang ausgeschlossen[56]. —

Wenn solche »Stellvertreter« des Preisgutes den Zahlungsmitteldienst versehen, dann hat die metallistische These: die Einheit sei eine bestimmte Menge eines bestimmten Gutes, aufgehört, wahr zu sein. Die Spaltung zwischen Preisgut und Geld macht vor allem den nominalen Charakter der Preiseinheit augenfällig, wobei aber der materiale Charakter des Preisgutes sehr wohl mitzubeachten ist, da sonst die Preisbildungen nicht zu erklären wären. Die Preis- oder Werteinheit ist nicht mehr verkörpert in einer bestimmten Menge eines Gutes, sondern sie steht nur noch als Name in einer zahlenmäßigen Verbindung mit dieser Stoffmenge in Form eines Preises, der hier — wie gesagt — »1 Fell« lautete und mit 1 Lederstückchen bezahlt wurde. —

Der in der logischen Reihe wohl letzte Schritt ist der folgende: Das Preisgut ist im Vergleich zum addierten Nennwert aller Zahlungsmittel in viel geringerer Menge vorhanden, mit anderen Worten: der Preis des gesamten Vorrates an diesem Preisgut in der Hand der geldemittierenden Stelle ist geringer als die Summe der Nennwerte der gesamten Zahlungsmittel. Die »Arbeitsteilung« im Gelddienst — um das Bild zum letzten-

[55]) Vgl. oben Abschnitt IV, B. 1.

[56]) Vgl. oben die Feststellung im Exkurs über die Preisbildungsgesetze: »Kein Faktor der Preisbildung liegt auf der sogen. »Geldseite«!«

mal zu gebrauchen — ist eine vollkommene: hier das Wertmaß = Preisgut, dort das davon körperlich und quantitativ unabhängige Geld als Träger der Einheit, das die Preiszahlungen ermöglicht.

Damit hat die Wirtschaft das Mittel gefunden, um ihr Streben nach Entfaltung zu verwirklichen: sie ist unabhängig geworden von der Produktion des einen Gutes Gold, falls Gold das Preisgut ist. Der Kredit schaltet sich zwischen Produktion und Konsumtion, das große Hilfsmittel der modernen Wirtschaft[57]). Dadurch ist das Gold nicht mehr allein die »bevorzugte« Ware in dem Sinn, daß es allein sofort zu »Geld« (hier gleich Einkommen) gemacht werden kann; auch den Produzenten anderer Waren wird die Möglichkeit gegeben, im Augenblick, wo sie Waren auf den Markt bringen und einen Abnehmer finden, die Waren zu »Geld« zu machen. Der einzige Unterschied zwischen dem Preisgut Gold und den anderen Gütern bleibt der, daß das Preisgut jederzeit bestimmt einen Abnehmer (den Staat, die Zentralbank oder die Münze) findet, der es zu einem bestimmten Preis ankauft, während die Produktion anderer Waren einen solchen Sicherheitsfaktor nicht enthält.

Die Vergleichbarkeit der Preise auf Zeit hinaus wird durch die Verwaltung des Preises des allgemeinen Preisgutes (Gold) erreicht, die das Ziel hat, ihn auf einer bestimmten Höhe zu halten; daher ist dann z. B. 1 Mark immer der Preis für 1/2790 kg feinen Goldes, solange die hylodromische und exodromische Verwaltung Erfolg hat[58]).

Die Austauschverhältnisse der Güter und Leistungen untereinander einschließlich des Preisgutes sind Folgen der Gesetzlichkeiten, die wir in Preisgesetze zu fassen suchen. Ein Hauptfaktor in diesen Preisgesetzlichkeiten wird die angebotene und nachgefragte Menge der Güter sein; und da immer noch das Preisgut Gold in der Reihe der Güter steht[59]), — sein Preis aber als unveränderlich angesehen werden soll — so wird sich in Goldproduktionsländern mit Goldwährung von der jeweiligen Menge an Gold ein durch die Verwendungsart dieses Goldes bedingter Einfluß auf die übrigen Preise geltend machen: zunächst als Einkommensteigerung der Goldproduzenten, dann Steigerung gewisser Warenpreise usw., bis die Produktionskosten des Goldes als Produktionsregler sich bemerkbar machen, wie es schon oft geschildert wurde[60]).

57) Vgl. hierzu die packende Schilderung von Schumpeter in seiner Theorie der wirtschaftlichen Entwicklung, 2. Aufl. 1926.

58) Hierzu ist besonders zu beachten, was Schumpeter »die goldene Bremse an der Kreditmaschine« nennt (vgl. Kölner Vorträge, Bd. 1, Die Kreditwirtschaft, 1. Teil, Leipzig 1927; insbes. Seite 100 ff.).

59) Sonst könnte es seine Rolle gar nicht spielen!

60) Vgl. auch oben IV. Abschnitt, B. 1.

Aber: Liegt diese Tatsache der möglichen Preissteigerung nicht auch bei der Produktion anderer durch sonstige Umstände begünstigter Waren vor? Sicher ist sie keinesfalls abzustreiten! Und solange die freie Wirtschaft lebendig bleibt, so lange wird eine derartige Bewegung nicht zu verhindern sein; wohl kann sie durch mannigfaltige Gegentendenzen paralysiert werden, z. B. wenn die Einkommensgestaltung einiger Schichten nicht Schritt hält. —

Betont sei nochmals, daß die Rolle des Preisgutes im konkreten einzelnen Fall der Preisbildung von denjenigen Gütern übernommen wird, die selbst Preise haben und in den Bereich des Interesses der preisbildenden Parteien hineinragen. Das Gold wird zum allgemeinen Preisgut dadurch, daß es auf dem Weltmarkt dank der in vielen Ländern verbreiteten Goldwährung als Preisgut fungiert. —

Innerhalb dieser Vorstellungen vom Geldwesen gibt es kein »dynamisches« Geldproblem. Eigene Wertbewegungen des Geldes können nicht erkannt werden und sind daher einer Untersuchung unzugänglich. Die Erscheinungen, die von anderen Theorien als selbständige, der »Geldseite« zuzurechnende Tatsachen untersucht werden (etwa die Vermehrung von Geld über den »volkswirtschaftlichen Bedarf« hinaus und die daraus folgende »Geldentwertung«) stellen sich durchaus anders dar. Knapp hat das vermeintliche oder vielmehr die vermeintlichen Probleme richtig dargestellt, das heißt beim »richtigen Namen« genannt, und zwar im Schlußparagraphen seiner Staatlichen Theorie, der sich betitelt: »Zur Verständigung über Geldwert und Preise«. Von seinem Standpunkt aus müssen sich die Bemühungen um die »Geldwertkorrektur«[61]) sonderbar ausnehmen! Noch ist ja überhaupt kein Mittel gefunden, die »Warenwertbewegung« von der sogenannten »Geldwertbewegung« zu trennen und damit von ihr zu unterscheiden. — Trösten wir uns: das praktische Leben wird siegen und den Geldwert als — »fest« annehmen!

In diesem Zusammenhang sei an eine Kontroverse von augenblicklicher Bedeutung erinnert, die in der Wissenschaft vom Handel entstanden ist. Es handelt sich um die gänzlich verschiedenen Ansichten, die die Betriebswirtschaftslehrer — etwa Schmidt und Schmalenbach — dem Privatwirtschaftslehrer Rieger gegenüber hinsichtlich des Geldes hegen. Jene bemühen sich, durch die Inflation belehrt, Mittel zu finden, die die Wirkungen der immer vorhandenen Geldwertschwankungen auf das Vermögen der Unternehmung mildern, wenn nicht ausschalten sollen; ihre Vorschläge gehen in der Richtung einer

---

[61]) Man denke an die Bestrebungen Irvings Fishers!

Gütermengenrechnung. Sie wollen der Geldrechnung ein Schnippchen schlagen, indem sie sie zu umgehen versuchen, und merken nicht, wie unentrinnbar sie der Geldrechnung mit ihrer rücksichtslosen Preisbildung auf dem Markt ausgeliefert sind; auf dem Markt kümmert man sich nicht darum, ob der »Wiederbeschaffungspreis« gewährt wird oder nicht, ob die »Substanz« der Betriebe erhalten wird oder nicht. — Gegen derartige Vorschläge macht Rieger Front; er schreibt: »Ich für meinen Teil habe dies als Lehre gezogen: die Geldrechnung bedeutet implizite eine Rechnung mit einem als unveränderlich anzusehenden Geldwert. Anders kann es eine Geldrechnung nicht geben, insbesondere besteht keine Möglichkeit, eine als fehlerhaft empfundene Geldrechnung durch irgendwelche Korrekturen in Ordnung zu halten. Eine jede solche angebliche Verbesserung bedeutet in Wahrheit eine Verneinung der Geldrechnung [62]).« Und weiter unten heißt es: »Wenn es eine logische Voraussetzung der Geldrechnung gibt, dann diese: Es muß so gerechnet werden, als ob es einen »Geldwert« gar nicht gäbe — nicht einmal die Frage darf aufgeworfen werden [63]).« — Aus wissenschaftlichem Interesse wäre es zu wünschen, daß diese Einsicht in das Wesen des Geldes auch den Betriebswirtschaftern käme; wonach anzunehmen wäre, daß die Betriebswirtschaftslehre eine unsachliche Fragestellung loswürde, indem sie sich nicht mehr gegen »die Inflation« zu Felde zu ziehen genötigt sähe, womit sie bisher für den Kaufmann — gegen Nichtkaufleute — eintrat, was ihr als »Wissenschaft« schlecht stand [64]). —

Doch dies nur nebenbei, gleichsam als Nebenergebnis unserer Untersuchungen. —

Auch in den Geldwesen, in denen keine gebundene Währung besteht, fehlt weder das nominalistische Element der Preiseinheit, noch das metallistische des Wertvergleichungsmittels; auch da sind es die Waren selber, die mit ihren Preisen Anhaltspunkte für weitere Preisbildungen geben. Da jedoch die Preiseinheit nicht mit einem bestimmten Gute durch einen festen Preis verknüpft ist, besteht die Möglichkeit dauernder Preissteigerung oder der Inflation, wie es oben [65]) geschildert wurde. — Obwohl unsere theoretische Vernunft einen solchen

[62]) Rieger, Einführung in die Privatwirtschaftslehre, 1928, S. 252.
[63]) Rieger, a. a. O. Seite 253.
[64]) Vgl. Rieger, a. a. O. Seite 250. — Seite 44 finden wir noch folgenden schönen Satz: »Wissenschaftliches Denken muß von den persönlichen Wünschen und Idealen unabhängig sein, und erst diese Unabhängigkeit und Wunschlosigkeit ist es, die es zur wissenschaftlichen Betrachtungs- und Denkweise erhebt. Wer bestimmte Zustände ablehnt, andere empfiehlt und anstrebt, ist Politiker«.
[65]) Abschnitt IV, B. 4d, 2.

Zustand — mit Preisrechnung und Geldverwendung — auch bei fortschreitender Preissteigerung als »Geldwesen« beurteilen muß, ist der Appell an unsere praktische Vernunft doch derart stark, daß er Gehör verdient. Es handelt sich darum, zu entscheiden, ob ein solches Geldwesen noch vollkommen seinem Zweck entspricht, den man ihm vernünftigerweise zuschreiben kann. — Wir verlangen von unserem Geldwesen zweierlei: einmal die technisch vollkommenste Möglichkeit, Zahlungen zu leisten, und zweitens die Möglichkeit, in diesem Geldwesen kalkulieren zu können. Der ersten Forderung wird bei dem in Rede stehenden Geldwesen so lange entsprochen, als die Belieferung mit Zahlungsmitteln durch die geldemittierende Stelle Schritt hält mit der Preissteigerung in der Wirtschaft. Das zweite Erfordernis, die Möglichkeit einer Kalkulation, setzt jedoch eine feste Basis aller Preise voraus, so daß die Preisveränderungen von dieser festen Grundlage aus gesehen rein als solche der betreffenden Güter zu beurteilen sind; außerdem, und das ist das wichtigere, gibt diese feste Preisgrundlage die Gewähr für eine gebundene Preisentwicklung, die die Preise aller Güter kommensurabel macht und somit eine sinnvolle Kalkulation zuläßt. Da aber diese Voraussetzung in jenem Falle nicht gegeben ist, so fällen wir unbedenklich das Urteil, daß einem solchen Geldwesen die vollkommene Erfüllung seines eigentlichen Zweckes abgesprochen werden muß[66]). (Etwas anderes ist es, wenn das Geldwesen einer anderen Idee — bewußt oder unbewußt, d. h. durch gewisse Umstände gedrängt — dienstbar gemacht wird, sein Dienst also als Mittel zu einem weiteren Zweck angesehen werden muß! Da haben wir uns des Urteils zu enthalten, da wir sonst eine Wertung der betreffenden Absicht vornähmen, die uns hier nicht zusteht[67]).

Derjenige, der das Geldwesen vom metallistischen Standpunkt aus zu sehen gewohnt ist, wird wahrscheinlich eher geneigt sein, den Metallismus in der hier vertretenen Ansicht wiederzuerkennen, wenn er hört: das vollkommenste Geldwesen ist auch heute immer noch das der gebundenen Währung, insbesondere die Goldwährung, deren Wesen darin beruht, daß das Gold erlangbar und absetzbar ist zu einem bestimmten, sich gleichbleibenden Preis, wenn also der Hylodromie eine her-

[66]) Es ist wohl nicht der Vorwurf zu befürchten, hier sei in den eben gerügten Fehler verfallen und die wissenschaftliche Grenze überschritten worden; es handelt sich hier ja nicht um Verbesserungsvorschläge.

[67]) Hingewiesen sei an dieser Stelle auf Beurteilungen der deutschen Inflation, die — keine Verurteilungen sind: Eulenburg, Günther, Bortkiewicz (der sich auf Harms bezieht) i. d. Schr. des Vereins f. Sozialpol., Bd. 170, 1925, Seite 99, 131, 320; Singer im Wirtschaftsdienst, 10. Jg. S. 830; Rieger, a. a. O. Seite 246 ff. —

vorragende Bedeutung zuerkannt wird. Denn dieser durch sie gefestigte Preis stellt das unverrückbare Zentrum aller übrigen Preise dar, so daß diese als »Preise in Gold« aufgefaßt werden können. Die Fiktion vom »festen Geldwert« findet hierin ihre einzige Begründung. — Einwände sind aber zu machen gegen diejenige Auffassung, die besagt, daß die einzelnen Dinge in ihrem Wert »am Gold« geschätzt würden! Es trifft wohl in einigen Fällen zu, daß der Goldpreis der unmittelbare Anhaltspunkt für ein Werturteil ist (ein Beispiel ist die Devisen- und Goldarbitrage), aber weitaus die meisten Preise kommen so zustande, wie es hier schon genugsam betont wurde: aus Wertvergleichungen derjenigen Dinge, die notwendig oder zufällig in unserer Vorstellung in eine Reihe zu stehen kommen, wenn man so sagen darf. Immer sind es Sachen, deren Preisrelationen untereinander uns — wenn auch nur ungefähr — bekannt sind, die uns bei neuen Entscheidungen beeinflussen. In dieser Weise muß somit der Begriff vom »Wertmaßstab« ausgedehnt werden.

Und nun kann endlich die in der Einleitung aufgeworfene Frage ihre Beantwortung finden.

Vergegenwärtigen wir uns noch einmal Knapps Worte [68]). Mit der Behauptung, die nominale Werteinheit reiche vollständig aus für Urteile über den lytrischen Wert der Güter, ist gerade das Gegenteil gesagt von dem, was wir soeben wiederum hervorgehoben haben: daß Werturteile nur aus dem Vergleich von Gütern hervorgehen können [69]). Prüfen wir also die beiden gegensätzlichen Meinungen auf ihre Wahrheit.

Jeder, der irgendwie mit dem Wirtschaftsleben in Berührung kommt — und wer wäre das nicht? wir alle sind zum mindesten Konsumenten! — hat eine gewisse Vorstellung von mancherlei Preisen. Je mehr dieser Preise ihm bekannt sind, um so besser wird er Güter, deren Preise er mitzubestimmen hat, in ihrem lytrischen Werte schätzen können. Anhaltspunkte bilden aber die ihm bekannten Relationen im Vergleich mit seinen eigenen Wertschätzungen der Güter, von denen er die Preisverhältnisse weiß. Dieses »kleine Preissystem«, das sich aus Preissen zusammensetzt, die sich im Interessenbereich des einzelnen befinden, stellt, wenn ich so sagen darf, ein »wirtschaftliches Apriori« des Subjektes dar, was sich nie wegleugnen läßt. Die Werteinheit hat in der Tat nur eine untergeordnete Bedeutung, die sich darin erschöpft, die Einheit zu sein, »in welcher man

---

[68]) Vgl. oben in der Einleitung Seite 13.

[69]) Knapp verwendet an jener Stelle im letzten Satz den Ausdruck »abgegeben«; daß er auch »zustande kommen« bedeutet, geht wohl aus dem Vorausgegangenen hervor. »Abgegeben« im Sinn von »sprachlich ausgedrückt« können die Werturteile selbstverständlich und nur mit Hilfe der Werteinheit werden.

die Größe von Zahlungen ausdrückt« (Knapp) und die dank ihrer historischen Definition die Verbindung zwischen zwei zeitlich verschiedenen Geldsystemen herstellt und gleichzeitige Geld- und Preissysteme voneinander unterscheidet. Bei der Preisermittlung selber tritt sie in den Hintergrund. Denn:

Angenommen, ich käme in ein fernes fremdes Land, von dessen Preisverhältnissen ich keine Ahnung habe, dessen Werteinheit ich nicht kannte, geschweige denn den etwaigen intervalutarischen Kurs mit Deutschland — angenommen also, ich sollte in diesem Lande ein »Werturteil« über irgend einen Gegenstand abgeben — ich könnte es mit dem besten Willen nicht! — Ähnlich lagen die Dinge während der Inflationszeit, als man mehr und mehr den Überblick über die stets sich verändernden Preisrelationen verlor. Die Nominalität der Werteinheit Mark, ihre historische Definition als Dritteltaler werden durchaus anerkannt — aber Werturteile lassen sich allein durch sie nicht fällen. Vergleichsgegenstände mit ihren überlieferten Preisen müssen gegeben sein, wenn sinnvolle Werturteile zustande kommen sollen.

Aus den gleichen Gründen braucht man nicht einzusehen, warum die Metalle als Wertmesser abgesetzt sein sollen, wie es Knapp behauptet. Wir haben gesehen, daß das Gold bei Goldwährung sehr wohl als allgemeines Preisgut angesehen werden kann. Auf dem Weltmarkt, oder konkreter ausgedrückt: an den Börsen der Welthandelsplätze, bildet die Goldarbitrage bei der Preisbildung eine gewichtige Rolle; das Gold ist im internationalen Verkehr immer noch eine Art »Sachgeld«[70]).

Man ist somit in der Tat gezwungen, die Erscheinungen des Geldwesens mit Hilfe metallistischer und nominalistischer Gedanken zu erklären. Der Hauptgrund dafür liegt darin, daß wir das Geld niemals allein, als Ding für sich, unter die Lupe nehmen können, sondern immer zugleich nach der Art der Preise fragen müssen, die das Geldwesen charakterisieren, wie wir das oben bei der Behandlung der Geldformen taten. Wir befinden uns mit dieser Ansicht in Übereinstimmung mit Cassel, der diesen Gedanken so formuliert: »Die Preisrechnung und das allgemeine Zahlungsmittel zusammen bilden das Geldwesen«[71]). Aus diesem Satz können wir als notwendigen Gedanken den folgenden ableiten: Eine Betrachtung des »allgemeinen Zahlungsmittels« kann nicht ohne Einbeziehung der für die Preisrechnung wesentlichen Elemente erfolgen, ohne sich dem Vorwurf der Unvollkommenheit auszusetzen. — Diese für die Preisrechnung »wesentlichen Elemente« sind das etwaige allgemeine Preisgut (oder die Preisgüter) und die Preiseinheit.

---

70) Vgl. oben Abschnitt III, B. 2.
71) Cassel, Theoretische Sozialökonomie, 1923, Seite 343.

Das in einem Geldwesen immer gegebene Vorhandensein von Preisgut und Preiseinheit (und Zahlungsmitteln, die auf die Preiseinheit lauten) weist unbedingt auf die Möglichkeit, wenn nicht Notwendigkeit, einer »metallistischen« und »nominalistischen« Betrachtungsweise des Geldwesens hin.

Auch noch unter einem anderen Gesichtswinkel läßt sich eine Zusammengehörigkeit scheinbar entgegengesetzter Meinungen feststellen:

Nach dem Erscheinen von Knapps Staatlicher Theorie machte sich im Lager der Wirtschaftswissenschafter eine Ablehnung jener rein juristischen Theorie des Geldes geltend. Man war bestrebt, dieser juristischen Erklärungsweise gegenüber die ökonomische beizubehalten und sie noch stärker zu rechtfertigen. Dies geschah sowohl von nominalistischer Seite aus (Bendixen, Elster, Liefmann) als auch von metallistischer (Budge, Mises), worauf wir schon hinwiesen. Die Nominalisten bedurften der quantitätstheoretischen Momente zur Fundierung ihrer ökonomischen Theorie und kamen so zur Anweisungstheorie; die Metallisten bestanden zum Teil auf ihrer rein metallistischen Erklärung, zum Teil bedienten sie sich der »Warentheorie«, indem sie den Monopolgutscharakter für das Papiergeld in Anspruch nahmen.

Die Frage ist die: Ist es denn wirklich so, daß eine juristische Theorie des Geldes einer ökonomischen im Wege ist? Schließen sich denn beide gegenseitig wirklich aus? Hat nicht vielmehr die juristische Raum innerhalb der ökonomischen? Es ist doch auch zuzugeben, daß jeder Tausch eine »rechtliche Seite« hat und eine »ökonomische«[72]). Aus diesem Grunde halten wir es sogar für notwendig, beiden Vorgängen — dem wirtschaftlichen (Bewertung) und dem rechtlichen (beiderseitige Erfüllung) — in einer Geldtheorie gerecht zu werden. Dies geschah in dieser Arbeit dadurch, daß die wirtschaftlichen Momente ausschließlich in der Preisbildung gesehen wurden, die Preisgut und Preiseinheit voraussetzt, und daß andererseits das Geld als Zahlungsmittel bestimmter Art definiert wurde. —

Es ist also durchaus die Ansicht gerechtfertigt, daß nicht eine der »gegnerischen« Theorien allein zur Erklärung der verwickelten Probleme des Geldwesens ausreicht, sondern daß beide zusammen der Lösung näherkommen. Das Geld ist kein so einheitliches Ding mehr, wie es das bei seiner Entstehung war. Seine einzelnen Funktionen wurden von verschiedenen Sachen übernommen, die man die Grundelemente des Geldwesens nennen könnte: das Preisgut und die Preiseinheit; die

---

[72]) Vgl. oben Einleitung zum Abschnitt III, B.

Zahlungsmittel als Träger dieser Preiseinheit kommen in den meisten Fällen hinzu, sind aber nicht absolut notwendig. Doch die Erkenntnis dieser Spaltung bedingt auch die Erkenntnis von der absoluten Zusammengehörigkeit dieser Grundelemente, die in der Tat in der Wirklichkeit immer miteinander gegeben sind, und von denen auch theoretisch keines weggedacht werden könnte.

Doch die Verschmelzung dieser verschiedenen Begriffe zu dem einen Begriff »Geld« muß Verwirrung und Unklarheiten herbeiführen, da die Aussagen über dies »Geld« immer nur eines jener drei Grundelemente betreffen können! Ebenso wie die unkritische und nicht näher erläuterte Verwendung des Wortes »Geldwert« nur Unheil stiften kann! Es muß daher als Vorteil erscheinen, wenn ein derartig komplizierter Begriff, wie es der des Geldwertes ist, aufgelöst wird, indem er auf eindeutige Formeln gebracht wird, die das Verständnis des mit ihm verbundenen Fragenkomplexes erleichtern. Dies wurde hier durch die Feststellung versucht, daß die einzige Sache, von der sich in dieser Hinsicht etwas mit Bestimmtheit aussagen läßt, die Höhe der Preise sowie deren Veränderung ist. Dabei stehen für weitaus die meisten Beurteilungen in der Wirtschaft die Einzelpreise bestimmter Warengattungen (»special prices«) im Vordergrund des Interesses, während das »Preisniveau« (»general prices«), notdürftig gefaßt im Index, z. B. für statistische Zwecke von Bedeutung ist. Und vom »Geldwert« kann nur im Sinne einer Fiktion gesprochen werden. — Vollends unmöglich aber ist die Erklärung einer bestimmten Preishöhe aus einem an und für sich existierenden »Geldwert« heraus; den gibt es für die Theorie nicht. —

Für die Wirtschaftswissenschaft und namentlich für die Behandlung des Geldproblems gilt, was Wilhelm Windelband angesichts eines in der Philosophie ähnlich umstrittenen Problems, nämlich des der Willensfreiheit, fordert:

»Es ist eine der vornehmsten Aufgaben der Wissenschaft, diejenigen Verwirrungen aufzulösen, welche durch die unbestimmten Gewohnheiten des alltäglichen Vorstellens und Bezeichnens hervorgerufen werden. Je verwickelter und künstlicher dadurch die Probleme geworden sind, um so mehr ist es notwendig, sie zu teilen, um jedes einzelne für sich zu bemeistern. ... Für den kritischen Geist der Wissenschaft gilt gerade diesen Problemen gegenüber: divide et impera! [73]).«

Diese Aufgabe ist eine ewige; ihr Ziel scheint in der Unendlichkeit zu liegen! Der Weg dorthin heißt Streben nach

---

[73]) Windelband, Über Willensfreiheit, Tübingen 1905, Seite 223.

Einfachheit und nach der »Klarheit, die in der Wissenschaft die Schönheit vertritt«, wenn ich mich dieser Worte von Karl Groos bedienen darf, die sich in seinem Bekenntnis finden[74]. Daneben ist es der Widerspruch, der stets neue Streiter auf den Plan ruft, und der die Wissenschaft lebendig erhält. —

[74]) Die Philosophie der Gegenwart in Selbstdarstellungen, hrsg. von R. Schmidt, Leipzig 1923, Seite 107.

# Anhang.

## Worterklärungen, insbesondere Erläuterung der verwendeten Knapp-Ausdrücke.

Geld ist die Art Zahlungsmittel, deren Gebrauch in einem bestimmten Wirtschaftsbereich zu einer bestimmten Zeit der allgemeinste und häufigste ist.

Geldwesen ist diejenige Einrichtung des Tauschverkehrs, die sich der Preisrechnung und in den meisten Fällen auch des Geldes bedient.

Geldsystem: Ein Geldsystem besteht aus verschiedenen Geldsorten, die in einem festen Teilungs- oder Vervielfachungsverhältnis zur Währungseinheit stehen.

Geldrechnungssystem ist ein Tauschwesen auf Grund von Preisen (also mit allgemeiner Verwendung einer Preiseinheit), jedoch ohne Verwendung von Geld.

Geldverfassung ist die Gesamtheit der rechtlichen Bestimmungen, die für das betreffende Geldwesen bestehen.

Preis ist ein Werturteil für ein Gut oder eine Leistung, ausgedrückt in einer Zahl und bezogen auf die Währungseinheit.

Preiseinheit ist der Name, auf den alle Preise eines Geldwesens lauten.

Preisgut: Das allgemeine Preisgut ist derjenige nach Menge und Güte bestimmte Gegenstand, der mit der Preis- (= Währungs-) einheit in Form eines festen Preises verbunden ist, und somit als Vergleichsgegenstand für sämtliche Preisbildungen innerhalb eines Geldwesens angesehen werden kann. Preisgüter sind die jeweiligen besonderen Vergleichsgegenstände bei Preisbildungen.

Preissystem (oder Preisgebäude) ist die Gesamtheit der Preise, für die sich ein allgemeines Preisgut mit Preisbeständigkeit ermitteln läßt.

Währung ist der durch Übereinkunft oder Gesetz geordnete tatsächliche Zustand eines Geldwesens, in dem ein fester Preis für eine bestimmte Menge einer auch nach Qualität bestimmten Ware (= Preisgut) gewährleistet ist, und die übrigen Preise im Bereich dieses Geldwesens auf dieselbe Preiseinheit (= Währungseinheit) lauten wie der Preis des Preisgutes. (Die Bezeichnungen »Papierwährung« und »freie Währung« werden abgelehnt.)

Inflation ist die durch das Fehlen eines preisbeständigen allgemeinen Vergleichsgutes ermöglichte allgemeine und fortwährende Preissteigerung.

## Die von Knapp geprägten Ausdrücke
(nach Gruppen geordnet,
um sie in ihren gegenseitigen Beziehungen zu zeigen).

### I. Geldverfassungen.

Authylismus: »... der Authylismus ... ist nur ein Beispiel des Zahlungsmittels, und zwar ein solches, bei welchem der Inhaber unbedingt die Wahl zwischen realer und zirkulatorischer Verwendung hat.« (Seite 6)[1].

»Hyle bedeutet ... ein Metall — von anderen Stoffen kann man absehen — welches nach der Verfassung zugelassen ist zur unbeschränkten Verwandlung in Geld.« (Seite 50).

Reale Befriedigung: durch Verwendung des Zahlungsmittels im Sinne der Technik (z. B. »platische Verwendung« = Verwendung der Münze als Metallplatte). (Seite 4).

Zirkulatorische Befriedigung: durch Verwendung des Geldes als solches, das heißt durch Weitergeben — ohne technische Verwendung — zur Anschaffung anderer Waren (Seite 4).

Autometallismus: »Der Autometallismus ist nur das wichtigste Beispiel des Authylismus« (Seite 6); das Zahlungsmittel ist ein Stück Metall, dessen Gewicht bei der Zahlung maßgebend ist (= pensatorische Verwendung der Zahlungsmittel). (Vgl. Seite 4, 22, 23).

Chartalverfassung: Die Chartalverfassung des Geldes bedeutet die Geltung der Zahlungsmittel durch Proklamationen von seiten des Staates. Diese proklamatorische Geltung schließt die pensatorische Verwendung aus. Zahlungsmittel mit Chartalverfassung allein sind »Geld«. (Vgl. § 2 »Chartale Zahlungsmittel«, insbesondere Seite 24 f., 26, 29, 31, 33).

Geltung: ein juristischer Begriff, niemals ein wirtschaftlicher, und kann daher nie etwa als »Wert des Geldes« verstanden werden! Die Geltung ist nie an den stofflichen Gehalt des Geldes gebunden.

### II. Zahlungsmittel (= griech. lytron: Lösegeld).

Zahlungsmittel: »In einem Zahlverbande ist jede übertragbare Verfügung über Werteinheiten dann Zahlungsmittel, wenn der Inhaber durch Übertragung an die Zentralstelle eine mindestens eventuale Gegenforderung an diese Stelle begründen kann«; einbegriffen sind also pensatorische, chartale und girale Zahlungsmittel (Seite 141).

Werteinheit: Die Werteinheit ist nichts anderes »als die Einheit, in welcher man die Größe der Zahlungen ausdrückt« (Seite 6 f.).

Reale Definition der Werteinheit: sie liegt dann vor, wenn die Werteinheit mit einer bestimmten Metallmenge identifiziert wird. Knapp nennt diese Definition auch die »technische Definition« (§ 1 »Autometallismus; Nominalität der Werteinheit«).

Historische Definition der Werteinheit: sie besteht darin, »daß angegeben wird, wieviele neue Werteinheiten juristisch äquivalent sind einer alten Werteinheit« (Seite 17).

Rekurrenter Anschluß: das ist die vom Staat aufgestellte Regel, nach der bei einer Änderung des Zahlungsmittels die Umrechnung der bestehenden Schulden von der alten Werteinheit in die neue vorzunehmen ist. (Vgl. Seite 12).

Lytrische Verwaltung: sie umfaßt alle Maßnahmen, die zur Ordnung des Geldwesens ergriffen werden.

---

[1]) Die im folgenden angegebenen Seitenzahlen beziehen sich auf Knapp, Staatliche Theorie des Geldes, 3. Aufl. 1921, München.

Lytrischer Wert: das ist derjenige Wert, »der sich durch Vergleich mit dem allgemein gewordenen Tauschmittel ergibt« (Seite 7). (Gleichbedeutend mit Preis im Sinne des Geld- oder Nominalpreises.)

Lytrobasisch: auf ein Zahlungsmittel bezogen, im Zweifelsfall auf das valutarische Zahlungsmittel[2]) (Seite 214).

### III. Beziehungen des Geldes zum Metall.

1. Platische Beziehungen: sie »ergeben sich aus der Betrachtung der fertigen Geldstücke, indem man nur auf die Beschaffenheit der Platten achtet«. (Seite 46).
2. Genetische Beziehungen: sie »erkennt man durch die Untersuchung, ob eine Geldart nur geschaffen werden darf unter Verwendung eines Metalls, das von der Rechtsordnung aufgefaßt wird, als sei es immer zur Verwandlung in Geld bestimmt«. (Seite 46).
3. Dromische Beziehungen: »Dabei handelt es sich um die Frage, ob einem Metall ein fester Preis verschafft wird oder nicht« (S. 46).

### IV. Genetische Einteilung der Zahlungsmittel (Schema S. 35).

»Genetisch nennen wir die Einteilung, wenn wir nur auf diejenigen Umstände achten, welche für die Entstehung (der Zahlungsmittel) charakteristisch sind.« (Seite 34.)

Pensatorische Zahlungsmittel sind solche, deren Verwendung bei der Zahlung nach ihrem Gewicht geschieht (Authylismus, Autometallismus) (Seite 23). Es sind zwei Arten zu unterscheiden:

1. amorphische: Formen und Zeichen der Stücke bedeuten juristisch nichts (Seite 22);
2. morphische: Form und Zeichen der Stücke sind juristisch bedeutsam für die Abgrenzung dessen, was Zahlungsmittel ist oder nicht (Seite 22).

Proklamatorische Zahlungsmittel: das sind solche, die ihre Geltung durch staatliches Gebot erhalten, ihr »Nennwert« ist allein maßgebend bei Zahlungen, die Wägung unterbleibt. Es sind die chartalen Zahlungsmittel = Geld (Vgl. Seite 24).

Zwei Hauptarten sind zu unterscheiden:

1. hylogenische: das sind solche Zahlungsmittel, die »im Stoff selber bereits gegeben« sind oder durch sonstige Verwendung hylischen Metalls entstehen (z. B. wenn bei Hinterlegung von Gold bei dem geldschaffenden Staate Papiergeld ausgegeben wird). (Vgl. Seite 29, 59 und 60);
2. autogenische: das sind Zahlungsmittel, die ohne Verwendung eines hylischen Metalles entstehen (nur möglich bei Chartalverfassung des Geldes: z. B. das »eigentliche« Papiergeld). (Vgl. Seite 29, 31, 58 f.).

Das hylogenische Geld kann sein (s. Schema Seite 60):

entweder orthotypisch = bar; das ist »dasjenige Geld, welches aus dem hylischen Metall durch Ausmünzung hergestellt und so begültigt ist, daß sein spezifischer Gehalt gleich oder größer ist, als es der jetzigen hylogenischen Norm entspricht« (Seite 53).

Spezifischer Gehalt: das ist »der Gehalt auf jede Einheit der Geltung« (Seite 48).

Hylogenische Norm: »Diese Norm gibt das Verhältnis an, welche jetzt zwischen dem Gewichte des hylischen Metalles und der

---

[2]) »Valutarisches Zahlungsmittel«: s. unten, VI, C.

(proklamatorischen) Begültigung desselben, wenn es in Geld verwandelt wird, bestehen soll« (Seite 51).

oder paratypisch = notal; das ist alles Geld, das nicht orthotypisch ist, also »abseits (para-) jener Norm« liegt (Seite 56).

Das autogenische Geld kann sein (Schema Seite 60):

entweder metalloplatisch: dann bestehen alle Stücke aus Metallplatten, sind also »Münzen«; sie sind insbesondere argyroplatisch, wenn sie aus Silber sind, chrysoplatisch, wenn sie aus Gold sind;

oder nichtmetalloplatisch, dann sind sie in den meisten Fällen papiroplatisch: die Stücke sind aus Papier. (Seite 58 f.).

Auch das paratypische hylogenische Geld kann metalloplatisch oder nicht metalloplatisch sein (Seite 60).

### V. Klassifikation der Zahlungen (Schema Seite 87).

Die Zahlungen sind

entweder zentrisch: das heißt der Staat (als Mittelpunkt der Ordnung im Zahlungsverkehr) ist an ihnen entweder als Geber oder Empfänger beteiligt (Seite 86);

oder parazentrisch: der Staat ist in keiner Weise, weder als Geber noch als Empfänger, an den Zahlungen beteiligt. »Alle Zahlungen unter Privaten gehören zu den paranzentrischen.« (Seite 86.)

Die zentrischen Zahlungen können sein:

entweder epizentrisch: dann tritt der Staat als Empfänger auf,

oder apozentrisch: dann tritt der Staat als Geber auf. (Seite 86).

Die parazentrischen und apozentrischen Zahlungen werden zusammengefaßt unter dem Begriff der anepizentrischen Zahlungen (wichtig für die nachfolgende funktionelle Einteilung des Geldes, die das Geld in seinem anepizentrischen Verkehr ins Auge faßt) (Seite 87).

### VI. Funktionelle Einteilungen des Geldes (Schema Seite 94).

#### A. Einteilung nach dem Annahmezwang.

1. Obligatorisches Geld: es liegt dann vor, wenn zu dem Annahmezwang des Staates (der beim staatlichen Geld überhaupt vorausgesetzt ist) noch der allgemeine Annahmezwang für anepizentrische Zahlungen dazu kommt (Seite 87).
2. Fakultatives Geld: ihm fehlt der Annahmezwang für anepizentrische Zahlungen (Seite 87).

#### B. Einteilung nach der Einlösbarkeit.

1. Definitives Geld: das ist das uneinlösbare Geld. Durch eine Zahlung in definitivem Geld wird das Geschäft vollkommen erledigt, für den Geber so gut wie für den Empfänger — als auch für den Staat (wenn dieser der Emittent des Geldes ist) (Seite 91).
2. Provisorisches Geld: das ist das einlösbare Geld. Durch Übergabe provisorischen Geldes wird das Geschäft zwischen Geber und Empfänger erledigt, aber der Empfänger kann vom Emittenten des Geldes (entweder dem Staat oder einer Bank) Einlösung in definitives Geld verlangen (Seite 91).

Die Einlösung kann erfolgen:

entweder direkt: wenn es Kassen gibt, die den Umtausch ohne weiteres vollziehen (Seite 92),

oder indirekt: wenn eine Geldart unbegrenzt einzahlbar, aber bei apozentrischen Zahlungen ablehnbar ist (Seite 92).

### C. Einteilung des definitiven Geldes nach seiner Aufdrängbarkeit bei apozentrischen Zahlungen.

1. Valutarisches Geld: das ist »diejenige definitive Geldart, welche für apozentrische Zahlungen stets bereitgehalten und als aufdrängbar behandelt wird (soweit Zahlungen von überkritischen Beträgen zu leisten sind)« (Seite 93).
2. Akzessorisches Geld: das sind »alle anderen Geldarten (gleichgültig, um welchen Betrag es sich handelt)«. Dazu gehört immer das Scheidegeld (Seite 93).

## VII. Hylodromie.

»Unter Hylodromie verstehen wir also die bewußte Befestigung des Preises eines hylischen Metalles; noch genauer: die bewußte Herstellung fester Grenzen, nach unten und nach oben, für den Preis eines hylischen Metalls« (Seite 68).

Hylolepsie bedeutet, daß alles hylische Metall von den Münzstätten zur Ausprägung angenommen werden muß. Dadurch wird dem Metall eine untere Preisgrenze gesichert (= »freie Ausprägung«) (Seite 70).

Hylophantismus bedeutet diejenigen Maßregeln, die dazu dienen, dem Gelde seine Vollwichtigkeit zu verschaffen und zu erhalten. Dadurch wird dem Metall eine obere Preisgrenze gesichert (S. 71 f.).

Drei Normen dienen der Hylodromie (Seite 73):

1. »Die hylogenetische Norm bestimmt, daß hylogenisches Geld geschaffen wird durch Verwandlung einer Gewichtseinheit des Metalls in so und so viele Werteinheiten.« (NB. in Münzen oder in Papier.)
2. »Die hyloleptische Norm bestimmt, daß jede dargebotene Gewichtseinheit des hylischen Metalls verwandelt wird in so und so viele Werteinheiten«.
3. »Die hylophantische Norm bestimmt, daß für so und so viele Werteinheiten eine Gewichtseinheit des hylischen Metalls erlangbar sei.«

Hylodromischer Spielraum besteht dann, wenn diese drei Normen nicht übereinstimmen, sondern für den Preis des hylischen Metalls nur feste Grenzen gegeben sind, zwischen denen der hylodromische Spielraum liegt (Seite 74).

Die Hylodromie kann sein z. B.:

Chrysodromie: wenn dem Gold ein fester Preis verschafft wird (durch Chrysolepsie und Chrysophantismus),

Argyrodromie: wenn dem Silber ein fester Preis verschafft wird (durch Argyrolepsie und Argyrophantismus).

## VIII. Exodromie.

Exodromie bedeutet die Befestigung des Preises des auswärtigen valutarischen Geldes (Seite 240).

Die pantopolischen Beziehungen zwischen zwei Ländern umfassen die Gesamtheit der gegenseitigen Zahlungsverpflichtungen und der Stimmungen, die auf die Preisbildung des auswärtigen valutarischen Geldes wirken (Seite 206).

»Unter dem intervalutarischen Kurs ... verstehen wir den Preis, ausgedrückt im valutarischen Gelde des einen Landes, welcher bezahlt wird für einen bestimmten Betrag des valutarischen Geldes des anderen Landes.« (Seite 201.)

Die »automatische« Regelung des intervalutarischen Kurses zwischen zwei Ländern setzt auf beiden Seiten die gleiche Hylodromie voraus und vollzieht sich dann auf Grund der privatwirtschaftlichen Politik der Schuldner, indem sie jeweils die für sie vorteilhaftere Zahlungsweise wählen: entweder den Kauf des fremden Geldes an der Börse oder die Sendung des eigenen Geldes an den ausländischen Gläubiger (Seite 240 f.).

Exodromische Maßregeln sind solche, die auf die Befestigung des intervalutarischen Kurses gerichtet sind. Zu ihnen gehören:

1. Erhöhung der Diskont- und Lombardsätze;
2. die private Devisenpolitik (= »Bereithaltung der fremden Zahlungsmittel durch eine Bank, die dieselben zum Parikurs abzugeben bereit ist«.)
3. die staatliche Devisenpolitik (= »Bereithaltung der fremden Zahlungsmittel durch den Staat, der ebenfalls die Abgabe zum Parikurs vorschreibt«) (Seite 251).

---

Synchartismus: »Es ist darunter die Gemeinsamkeit von gewissen Geldarten zu verstehen, wie sie durch sogenannte Münzvereine geschaffen wird« (Seite 252). Die betreffenden Stücke sollen »in jedem der verbundenen Staaten als Geld, und zwar als obligatorisches, definitives verwendet werden« (Seite 253).

Novatorischer Währungsübergang: er liegt dann vor, wenn der Staat nicht eine früher schon einmal dagewesene Währung wieder herstellt (das wäre sonst ein »restauratorischer« Übergang), sondern sich nicht an das Vergangene bindet und eine ganz neue Währung schafft (Seite 180).

Schwebender Währungsübergang: er liegt dann vor, wenn das neu zu wählende Geld das Agio Null gegenüber dem alten Geld hat (Seite 180). Das Verhalten des neuen Geldes gegenüber dem alten kann nur beurteilt werden, wenn man annimmt, »das neue Geld sei vorerst in das alte System als akzessorischer Bestandteil eingefügt« (Seite 181).

---

# Verzeichnis der benutzten Literatur.

## A. Zur Methode:

Eckermann, P.: Gespräche mit Goethe, hrsg. von C. Höfer, 1913.
Goethe, W.: Maximen und Reflexionen, Große Goethe-Ausgabe (Bong).
v. Gottl-Ottlilienfeld: Wirtschaft als Leben, 1925.
— Der Wertgedanke, ein verhülltes Dogma der Nationalökonomie, 1897.
Groos, K.: Naturgesetze und historische Gesetze, Tübingen 1926.
— Die Philosophie der Gegenwart in Selbstdarstellungen, Leipzig 1923, S. 103ff.: Karl Groos.
Menger, C.: Untersuchungen über die Methode der Sozialwissenschaften u. d. politischen Ökonomie insbesondere, 1883.
Plato: Der Staat, 7. Buch.
Rickert, H.: Kulturwissenschaft und Naturwissenschaft, 1915.
Schmoller, G.: Grundriß der allgemeinen Volkswirtschaftslehre, 1904.
Schulze-Gaevernitz: Marx oder Kant? Freiburg 1908.
Sombart, W.: Über die Produktivität (= Schr. d. V. f. Soz., Bd. 132, 1910).
Troeltsch, E.: Zum Begriff und zur Methode der Soziologie (= Weltwirtschaftl. Archiv, Bd. VIII, 1916).
Weber, A.: Die Aufgaben der Volkswirtschaftslehre als Wissenschaft, Tübingen 1909.
Weber, M.: Gesammelte Aufsätze zur Wissenschaftslehre, Tüb. 1922.
Weigand, Deutsches Wörterbuch, 5. Aufl., Gießen 1910.
Windelband, W.: Über Willensfreiheit, Tübingen 1905.
Wolf, J.: Nationalökonomie als exakte Wissenschaft, Leipzig 1908.
Wundt, W.: Methodenlehre (= 2. Bd. der »Logik«) Stuttgart 1883.

## B. Zur Geldgeschichte:

Bamberger, L.: Ausgewählte Reden und Aufsätze über Geld- und Bankwesen, Berlin 1900.
Bankgesetz vom 30. 8. 1924.
Bonnet, V.: Etudes sur la monnaie, Paris 1870.
Bulletin des Lois de la République Française, 3e Série, Tome huitième, Paris an XII (1804).
Coinage Laws of the United States, 1792 to 1894, Washington 1894.
Ellissen, A.: Der Geist der Gesetze von Montesquieu, 3. Aufl., Leipzig 1851, II. Band, 8. Teil.
France, A.: Anatole France im Gespräch (= Frankfurter Zeitung vom 22. 2. 1925 Nr. 142).
Harl: Encyklopädie der gesammten Geldswissenschaft, 1806.
Helfferich, K.: Geschichte der deutschen Geldreform, 2 Bände, 1898.
— Zur Geschichte der Goldwährung (= Volkswirtschaftliche Zeitfragen, Heft 137, Berlin 1896).
Hoffmann, J. G.: Die Lehre vom Gelde, Berlin 1838.
Kalkmann, Ph.: Englands Übergang zur Goldwährung im 18. Jahrhundert, Straßburg 1895.

Kant, I.: Metaphisik der Sitten, I. Metaphysische Anfangsgründe der Rechtswissenschaft, § 31/I.: »Was ist Geld?«
Kulischer, J.: Russische Wirtschaftsgeschichte, 1. Bd., Jena 1925.
Lansburgh, A.: Die großen Notenbanken im Dienste der kriegführenden Staaten (= Die Bank, 1. Semester 1915).
— Um die neue deutsche Währung (= Die Bank, 1924).
Laughlin, J. L.: History of bimetallism in the United States, Newyork, 1886.
Laum, B.: Heiliges Geld, Tübingen 1924.
Montesquieu: De l'Esprit des Lois, Paris M.DCCC.XXVII, Livre XXII.
v. Schroetter: Das preußische Münzwesen im 18. Jahrhundert, Münzgeschichtlicher Teil, Bd. 1. »Die Münzverwaltung der Könige Friedrich I. und Friedrich Wilhelm I. 1701—1740« (= Acta Borussica, Berlin 1904).
Schurtz, H.: Grundriß einer Entstehungsgeschichte des Geldes, Weimar 1898.
Soetbeer, A.: Deutsche Münzverfassung, Erlangen 1874.
Storch, H.: Cours d'économie politique, Petersburg 1815.
Schriften des Vereins für Sozialpolitik Band 170: Eulenburg, F.: Die sozialen Wirkungen der Währungsverhältnisse, und Bortkievicz: Die Ursachen einer potenzierten Wirkung eines vermehrten Geldumlaufs auf das Preisniveau (Schlußwort).
Wirtschaftsdienst 10. Jahrgang 1925, S. 830.
Wirtschaftskurve 1926.

## C. Zur Geldtheorie:

Bendixen, F.: Das Wesen des Geldes, 3. Aufl. 1922.
— Vom theoretischen Metallismus (= J. f. N., 3. F. Bd. 57).
— Das Inflationsproblem, Stuttgart 1917.
Budge, S.: Vom theoretischen Nominalismus (= J. f. N., 3. F. Bd. 58).
— Waren- oder Anweisungstheorie des Geldes (= Archiv für Sozialwiss., Bd. 46, 1918/19).
Cassel, G.: Theoretische Sozialökonomie, 3. Aufl. 1923.
Deckert, H.: Die Notendeckungsvorschriften der wichtigsten Zentralnotenbanken (= Bank- und finanzwirtschaftliche Abhandlungen, hrsg. v. Prion, Heft 8, Berlin 1926).
Diehl, K.: Theoretische Nationalökonomie, 3. Bd. Die Lehre von der Zirkulation, Jena 1927.
Elster, K.: Die Seele des Geldes, Jena 1920.
— Zur Analyse des Geldproblems (= J. f. N., 3. F. Bd. 54).
Engländer, O.: Das Geld ohne Eigenwert und die Preislehre (= J. f. N., 3. F. Bd. 64, 1922).
Földes, B.: Glossen zur Theorie der Abhängigkeit der Preise von den Produktionskosten (= J. f. N. 3. F. Bd. 31).
Haenel, H. G.: Geld und Kredit. Ein Beitrag zur Kritik des Nominalismus (= Z. f. d. ges. Staatsw., Bd. 79, 1925).
Heitz: Besprechung von Karl Knies' Buch »Das Geld« (= J. f. N. Bd. 27).
Held: Noch einmal über den Preis des Geldes (= J. f. N. Bd. 9).
Helfferich, K.: Das Geld, 6. Aufl. 1923.
Hildebrand, R.: Die Theorie des Geldes, Jena 1883.
Knapp, G. F.: Staatliche Theorie des Geldes, 3. Aufl. München 1921.
— Einführung in einige Hauptgebiete der Nationalökonomie, München 1925 (Abschnitt »Geldtheorie«).
Knies, K.: Das Geld, 2. Aufl. 1885.
Laughlin, J. L.: The principles of money, New-York 1903.

Lexis, W.: Art. »Doppelwährung« im Handw. d. Staatsw., 3. Aufl.
Liefmann, R.: Quellen der Inflation und die Frage der Währungsänderung (= Bank-Archiv 1923/24).
Machlup, F.: Die Goldkernwährung, Halberstadt 1925.
Menger, C.: Art. »Geld« im Handw. d. Staatsw., 3. Aufl.
Mises, L.: Theorie des Geldes und der Umlaufsmittel, 2. Aufl. 1924.
— Die Gemeinwirtschaft, 1922.
Neumark, F.: Begriff und Wesen der Inflation, Jena 1922.
Nußbaum, A.: Das Geld in Theorie und Praxis des deutschen und ausländischen Rechts, Tübingen 1925.
Philippovich, E.: Grundriß der politischen Ökonomie, 16. Aufl. 1921.
Rieger, W.: Einführung in die Privatwirtschaftslehre, Nürnberg 1928.
Schumpeter, J.: Theorie der wirtschaftlichen Entwicklung, 2. Aufl. 1926.
— Die goldene Bremse an der Kreditmaschine (= Kölner Vorträge, Bd. I, Teil I. 1927).
Simmel, G.: Die Philosophie des Geldes, Leipzig 1907.
Singer, K.: Gesetzgebung durch Abschreiben (= Wirtschaftsdienst 1924, Heft 31).
Soda, K.: Geld und Wert, Tübingen 1909.
Tooke und Newmarch: Die Geschichte und Bestimmung der Preise, deutsch von Asher, 2. Aufl. 1862.
Sombart, W.: Der moderne Kapitalismus, 2. Aufl. 1916 (1. Band).
Wagner, A.: Theoretische Sozialökonomik, II. Abt., 2. Bd.: Sozialökonomische Theorie des Geldes und Geldwesens, 1909.
v. Zwiedineck, O.: Kritisches und Positives zur Preislehre (= Zeitschrift f. d. ges. Staatsw., Bd. 64 und 65, 1908/09).

Die Not der Zeit hat die meisten deutschen Sammlungen von staats- und sozialwissenschaftlichen Abhandlungen zum Erliegen gebracht. Den Fachzeitschriften fehlt der Raum für größere Untersuchungen. In der Erkenntnis, daß nur eine Zusammenfassung der Kräfte Abhilfe schaffen könne, haben deshalb die sozialwissenschaftlichen Forscher Deutschlands die Herausgabe einer gemeinschaftlichen Sammlung beschlossen und eine Arbeitsgemeinschaft begründet, welche die sorgfältige Auslese der zu veröffentlichenden Abhandlungen sicherstellt. In dankenswerter Weise hat der Verlag Walter de Gruyter & Co. auf jeden Gewinn aus den »Sozialwissenschaftlichen Forschungen« verzichtet und leistet die Notgemeinschaft der deutschen Wissenschaft Zuschüsse zu den Herstellungskosten.

Mit wenigen Ausnahmen sind alle Lehrer der Staats- und Sozialwissenschaften an den deutschen Universitäten, landwirtschaftlichen, technischen und Handelshochschulen und eine Anzahl Privatgelehrter der Arbeitsgemeinschaft beigetreten. Sie gliedert sich ebenso wie die »Sozialwissenschaftlichen Forschungen« bis auf weiteres in 5 Abteilungen. Der von den Fachgenossen gewählte Abteilungsvorsteher oder sein Stellvertreter entscheidet über die Annahme der eingereichten Arbeiten und trägt die Verantwortung als Herausgeber. Die Abteilungen und ihre Vorsteher sind die folgenden:

I. Allgemeine Nationalökonomie (mit Einschluß des Bevölkerungswesens), Soziologie, allgemeine Sozialpolitik, allgemeine Probleme der Statistik, der Wirtschaftsgeschichte und -geographie.

Professor **Diehl**-Freiburg,
„ **Alfred Weber**-Heidelberg,
„ **v. Zwiedineck-Südenhorst**-München.

II. Agrar- und Siedlungswesen (auch Forstwesen, Jagd, Fischerei) mit Einschluß der nationalökonomischen Probleme der landwirtschaftlichen Betriebslehre.

Professor **Sering**-Berlin,
„ **Skalweit**-Kiel,
Dr. **Keup**-Berlin.

III. Gewerbe (Bergbau, Industrie, Handwerk) mit Einschluß der gewerblichen Sozialpolitik.

Professor **Herkner**-Berlin,
„ **Adolf Weber**-München,
„ **Heyde**-Berlin und Kiel.

IV. Handel und Verkehr, Bank- und Börsenwesen, Versicherungswesen, auswärtige Wirtschaftspolitik.

Professor **Eckert**-Köln,
„ **Prion**-Berlin,
„ **Erwin v. Beckerath**-Köln.

V. Finanzwissenschaft.

Professor **v. Eheberg**-Erlangen,
„ **Terhalle**-Hamburg,
Landesfinanzamtspräsident **Dr. Schwarz**-Magdeburg.

Berlin und Breslau im Oktober 1922.

**Das Präsidium der Sozialwissenschaftlichen Arbeitsgemeinschaft**

**Sering. Herkner. Hesse.**

---

Verzeichnisse der erschienenen Hefte von der Verlagsbuchhandlung kostenlos

FSC
www.fsc.org
MIX
Papier | Fördert
gute Waldnutzung
FSC® C083411

Kolibri 360 GmbH
Ferdinand-Jühlke-Straße 7
99095 Erfurt, Deutschland
produktsicherheit@kolibri360.de